프로젝트 구현을 위한

아두이노

기초와 응용

김상원 · 임호 · 복영수 공저

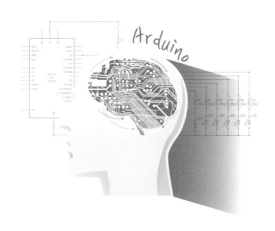

🌀 일진사

머리말

아두이노(ARDUINO) ∞

    정보화, 지능화 및 여러 기술 간의 융합 등에 따라 생산 방식에 대한 혁신으로 산업 구조 및 생활 방식 등에 사회 경제 전반에 대한 변화가 일어나고 있다. 따라서 이러한 구조적인 요구에 따라 마이크로컨트롤러는 모바일 통신, 자동차, 자동화 및 사물 인터넷 등 광범위한 분야에서 매우 다양한 용도로 사용되어지고 있다. 사물 인터넷, 빅 데이터, 클라우드 기술이 발전되고, 옷이나 시계, 안경처럼 자유롭게 몸에 착용하고 다닐 수 있는 스마트워치, 구글글라스 등의 웨어러블 컴퓨터 기술이 범용화 되고 있다. 또한 기계식 엔진에 의해 작동하지 않고 모터에 의해 작동하는 전기자동차가 실용화되고 있으며, 사람이 운전하지 않고 차량에 탑재된 컴퓨터가 운전을 하는 자율주행차가 실용화되어 구글자율주행 택시와 같은 곳에 적용되었다. 드론과 같은 비행체를 조정하는데 필요한 자세제어의 경우에도 마이크로컨트롤러를 이용하여 실행하고 있다. 우리 생활 전반에 걸쳐 이용되는 아두이노는 생활에 필요한 기기, 산업용 장치, 취미용 작품, 학생들의 프로젝트 실습 등에 활용할 수 있는 마이크로컨트롤러 보드를 기반으로 하는 매우 매력적인 장치이다.

    이 책에서는 아이가 걸음마를 한 발자국 떼어서 움직이기 시작하여 걸음마에 익숙해지는 것처럼, 전기 전자 분야나 프로그래밍에 대해 아무것도 모르는 초보자가 단순하게 책에 쓰여 있는 내용을 읽고 따라하는 것에 의해 점차적으로 아두이노에 익숙해지고, 최종적으로는 센서나 무선통신 등을 이용하는 종합적인 시스템을 구성할 수 있도록 집필하였다. 초기에 구성되는 실습 예제들은 가장 단순한 동작을 가장 단순한 프로그래밍에 의해 실행시키도록 집필하였다. 전문적인 용어와 이해하기 힘든 설명을 최소화하고 비교적 쉽고 다양한 예제를 통하여 아두이노를 이해할 수 있도록 구성하였다. 사용된 예제들은 기교를 최소화하고 해당 부분별 설명을 첨부하여 이해도를 높였다. 또한 기본적으로 사용되는 장치는 여러 가지 유형에 대하여 각각의 구현 방법을 서술하여 초보자나 비전공자가 겪는 기술적인 어려움을 해결하도록 하였다.

    여러 가지 디스플레이 부품, 모터와 같은 구동 모듈, 블루투스, RFID, 먼지센서, GPS와 같은 모듈을 구동하는 실습을 난이도 순으로 집필하였으며, 실습되어진 센서는 간단한 온도제어를 위한 온도 센서로 부터 스마트폰의 센싱을 감지하는 가속도계와 드론의 자세를 측정하는 자이로스코프까지 실습으로 채용하여 최종적으로는 학습자가 생각한 아이디어를 제품화시키거나 졸업 작품과 같은 프로젝트 실습을 수행하는데 도움이 되도록 책을 집필하였다. 아울러 이 책을 통하여 평소에 독자들이 상상만 했던 것들을 직접 만들어 볼 수 있기를 희망해 본다.

저자 씀

4

차 례

아두이노(ARDUINO) ∞

1

아두이노(ARDUINO) 들어가기

ARDUINO

1-1 아두이노 개요

아두이노(arduino)는 오픈 소스를 기반으로 한 단일 보드 마이크로컨트롤러로 완성된 보드로, 관련 개발 도구 및 환경을 말한다. 아두이노의 공식 웹 사이트는 https://www.arduino.cc 이며, 사용되는 보드 및 프로그램 등을 다운받아 사용할 수 있다.

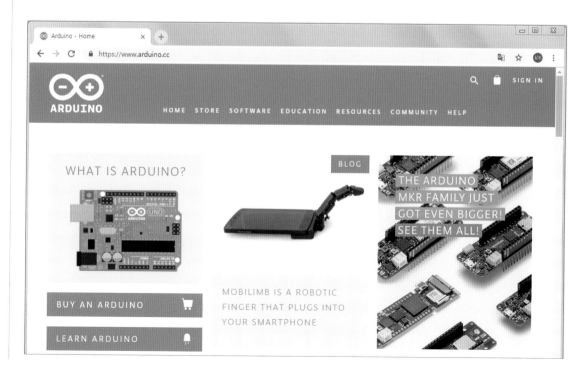

아두이노는 다수의 스위치나 센서로부터 값을 받아들여, LED나 모터와 같은 외부 전자 장치들을 통제함으로써 환경과 상호작용이 가능한 물건을 만들어낼 수 있다. 또한 임베디드 시스템 중의 하나로 쉽게 개발할 수 있는 환경을 이용하여 장치를 제어할 수 있다. 아두이노 통합 환경(IDE)을 제공하며, 소프트웨어 개발과 실행코드 업로드도 제공한다.

아두이노 보드의 외형 및 부품 설명은 다음 그림과 같다.

(a) 정면   (b) 밑면

그림 1-1 아두이노 우노(Arduino UNO)

아두이노 보드는 마이크로컨트롤러 I/O핀의 대부분을 다른 서킷에서도 사용할 수 있도록 공개하고 있다. 현재의 UNO와 같은 주요 모델들은 14개의 디지털 I/O핀을 제공하고 있으며, 그 중 6개의 핀은 PWM(pulse-width modulated)신호를, 다른 6개의 핀은 디지털 I/O핀으로 혼용이 가능한 아날로그 입력 단자를 제공한다.

1-2 아두이노 통합 개발 환경 구축

01 ≫ 아두이노는 소프트웨어 개발에 생소한 사용자들도 쉽게 프로그래밍 할 수 있도록 설계되어 있다. 이러한 아두이노 IDE를 통해 작성된 프로그램이나 코드를 스케치(sketch)라고 부른다. 이러한 스케치 프로그램은 아두이노 공식 웹 사이트인 https://www.arduino.cc 에서 다운로드 받아 사용할 수 있다. 사용자의 운영체제에 맞는 프로그램을 다운받아 압축을 해제한다.

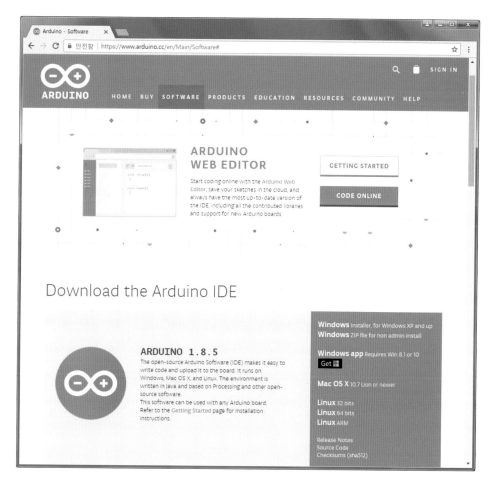

그림 1-2 아두이노 소프트웨어 다운로드 사이트

02 ❯❯ I Agree 버튼을 눌러 설치를 진행한다. 다음 순서로 Next 버튼을 눌러 다음의 설치화면으로 컴포넌트들을 설치한다.

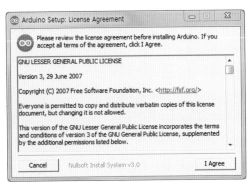

그림 1-3 아두이노 설치 단계(라이선스 동의 및 옵션 선택)

03 ❯❯ 설치 위치를 지정한다. 미리 정의된 지점이 없다면 디폴트로 설치한다.

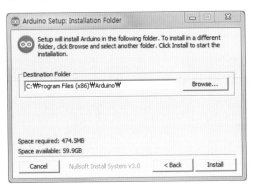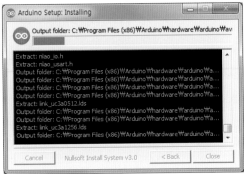

그림 1-4 아두이노 설치 단계(설치 위치 및 설치 진행 상태)

04 ❯❯ 윈도즈 보안 대화상자가 나타나면 항상 신뢰의 해당 부분에 체크하고, 설치 버튼을 눌러 다음 단계로 넘어간다.

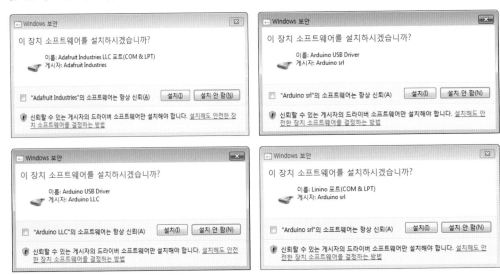

그림 1-5 아두이노 설치 단계(보안 대화상자)

05 ≫ 최종적으로 Close 단추를 눌러서 설치를 마무리한다.

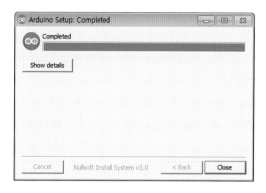

그림 1-6 아두이노 설치 단계(마침)

06 ≫ 장치 관리자를 선택한다.

그림 1-7 장치 관리자

07 ≫ 알 수 없는 장치를 마우스로 선택하고 오른쪽 마우스를 눌러 팝업 메뉴를 생성하고, 드라
이버 소프트웨어 업데이트를 선택한다.

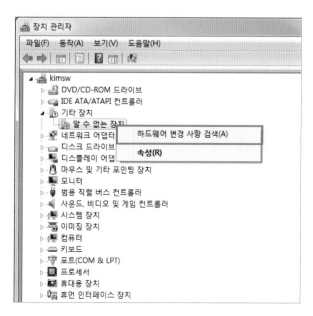

그림 1-8 드라이버 소프트웨어 업데이트

08 >> 컴퓨터에서 드라이버 소프트웨어 찾아보기 버튼을 클릭해 아두이노가 설치된 폴더의 drivers 폴더를 선택한다.

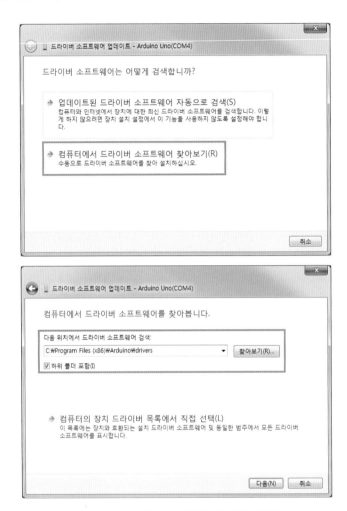

그림 1-9 드라이버 소프트웨어 업데이트(검색)

09 >> USB 시리얼 포트가 설치되고, (COM번호) 형태로 포트가 설정되었음을 확인한다. 이 포트는 컴퓨터 환경에 따라 다른 포트 번호로 설정되어질 수도 있다. 현재 컴퓨터에 설정된 포트는 장치 관리자에서 포트(COM & LPT)를 클릭하여 확인할 수 있다.

그림 1-10 장치 관리자에서 컴퓨터에 설정된 포트 확인

10 》 이제 시작 버튼을 눌러 설치된 아두이노 프로그램을 실행시킨다. 프로그램이 실행되면서 스케치가 나타난다.

그림 1-11 아두이노 프로그램 실행

11 》 스케치에 아두이노의 초기 값을 설정하는 setup( ) 함수와 실행되는 명령들을 모아놓는 loop( ) 함수가 구성된 것을 확인할 수 있다.

그림 1-12 아두이노 프로그램 실행 화면

12 » 간단한 예제를 실행시켜 보도록 한다. 아두이노 보드에 있는 LED를 구동시켜 보도록 한다.
파일 메뉴의 예제 → 01 Basics → Blink를 실행한다.

그림 1-13 예제 프로그램인 Blink를 실행

13 » 기본적으로 제공하는 LED 점멸 프로그램이 로딩되는 것을 확인할 수 있다.

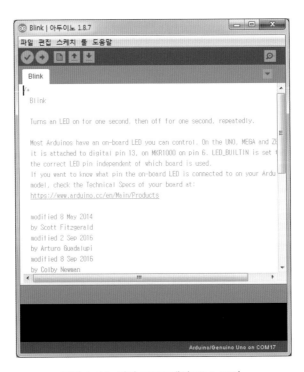

그림 1-14 예제 프로그램인 Blink 로딩

14 >> 이 예제 프로그램을 컴파일 및 업로드하기 위해서 보드 및 포트 설정이 필요하다.
메뉴의 도구 버튼을 눌러 보드 "Arduino Uno" → Arduino Uno 보드를 선택한다.

그림 1-15 보드 설정

15 >> 메뉴의 도구 버튼을 눌러 포트 → COM4를 선택한다. 만약 다른 포트로 지정되어 있다면
해당 포트를 선택한다. (현재 컴퓨터에 설정된 포트는 장치 관리자에서 포트(COM & LPT)
를 클릭하여 확인)

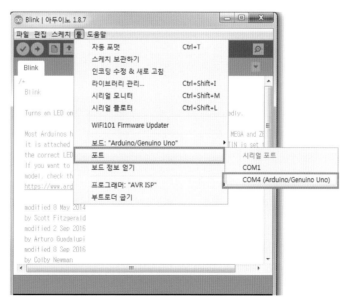

그림 1-16 포트 설정

16 ≫ 툴 바의 화살표 버튼을 누르거나, 메뉴를 눌러 컴파일 및 업로드를 실행한다.

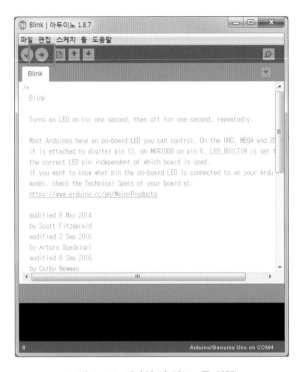

그림 1-17 컴파일 및 업로드를 실행

17 ≫ 컴파일이 완료되면 메모리 크기를 얼마만큼 사용하는지를 알 수 있다.

그림 1-18 컴파일 완료 및 메모리 사용량 확인 가능

18 >> 업로드가 완료되면 아두이노 보드상의 LED가 점멸하는 것을 볼 수 있다.

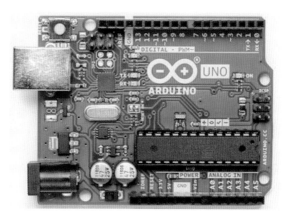

그림 1-19 아두이노 보드상의 LED 점멸

아두이노를 위한 C/C++ 언어

2-1 아두이노를 위한 C/C++ 언어 환경 이해하기

아두이노 개발 환경은 C/C++를 사용하여 원하는 동작을 하도록 코딩을 하고, 이것을 보드에 업로드하면 아두이노가 동작한다. 아두이노 업로드는 플래시 메모리에 써지므로, 다음부터는 전원만 인가하면 저장되어 있는 프로그램이 동작한다.

앞서 아두이노의 온−보드 LED를 점멸했던 Blink 스케치 코드의 내용을 살펴보기로 한다.

```
/*
  Blink

  Turns an LED on for one second, then off for one second, repeatedly.

  Most Arduinos have an on-board LED you can control. On the UNO, MEGA and ZERO
  it is attached to digital pin 13, on MKR1000 on pin 6. LED_BUILTIN is set to
  the correct LED pin independent of which board is used.
  If you want to know what pin the on-board LED is connected to on your Arduino
  model, check the Technical Specs of your board at:
  https://www.arduino.cc/en/Main/Products

  This example code is in the public domain.
```

```
  http://www.arduino.cc/en/Tutorial/Blink
*/

// the setup function runs once when you press reset or power the board
void setup() {
  // initialize digital pin LED_BUILTIN as an output.
  pinMode(LED_BUILTIN, OUTPUT);
}

// the loop function runs over and over again forever
void loop() {
  digitalWrite(LED_BUILTIN, HIGH);    // turn the LED on (HIGH is the voltage level)
  delay(1000);                        // wait for a second
  digitalWrite(LED_BUILTIN, LOW);     // turn the LED off by making the voltage LOW
  delay(1000);                        // wait for a second
}
```

맨 처음 나오는 코드부터 살펴보기로 한다. /* ~ */ 으로 둘러싸인 부분은 설명문으로 프로그램에 대한 설명을 담은 부분이다. 프로그램의 목적이나 동작의 설명, 업데이트된 날짜, 프로그램한 사람의 이름 등을 표시한다. 나중에 다른 사람이 보더라도 쉽게 이해할 수 있도록 하는 설명(comment) 부분이다.

다음에는 setup( ) 함수가 나와 있다. 셋업 함수는 아두이노가 리셋되면 한번만 실행되는 함수이다. 따라서 대부분의 초기화 관련 루틴을 넣어서 사용하는 함수이다. 모든 아두이노 스케치는 반드시 setup( ) 함수와 loop( ) 함수를 포함한다.

```
void setup() {
  // initialize digital pin LED_BUILTIN as an output.
  pinMode(LED_BUILTIN, OUTPUT);
}
```

여기에서는 LED_BUILTIN(아두이노의 13번 핀에 해당)을 출력으로 설정하라는 코드가 포함되어 있다. 먼저 설정하고자 하는 핀 번호를 보드에서 확인한다. 핀 번호를 pinMode 명령어 첫 번째 부분에 입력한다. 만약 신호를 보내는 용도로 사용하는 경우에는 위의 예제에서와 같이 대문자로 OUTPUT을 입력하고, 신호를 받는 용도로 사용하는 경우에는 대문자로 INPUT이라고 입력한다.

다음에는 loop( ) 함수가 뒤따른다. 루프 함수는 셋업 함수가 한번만 실행되는 것과는 달리 계속 반복적으로 실행되는 함수이다.

```
void loop() {
  digitalWrite(LED_BUILTIN, HIGH);   // turn the LED on (HIGH is the voltage level)
  delay(1000);                       // wait for a second
  digitalWrite(LED_BUILTIN, LOW);    // turn the LED off by making the voltage LOW
  delay(1000);                       // wait for a second
}
```

　루프 함수에는 LED_BUILTIN(13번 핀)을 점등하라는 HIGH 명령과 LED_BUILTIN(13번 핀)을 소등하라는 LOW 명령을 담고 있다. digitalWrite 명령은 해당 핀 번호의 전압을 0[V] 또는 5[V]로 설정하는 것이다. 첫 번째 부분에 핀 번호를 입력하고, 두 번째 부분에 0[V]인 경우 LOW를 입력하고, 5[V]인 경우에는 HIGH라고 입력한다.

　마이크로프로세서의 동작이 너무 빠르기 때문에 점등과 소등을 반복하면 LED는 항상 켜져 있는 것처럼 사람 눈에 인식된다. 따라서 사람이 LED 점멸을 눈으로 인식하기 위해 인위적인 시간 지연 루틴을 포함시킨다. LED를 점등하고 난 후에는 시간 지연 1000ms를 지연하라는 시간 지연 명령이 뒤따른다. 마찬가지로 소등하고 난 후에도 시간 지연 1000ms를 지연하라는 시간 지연 명령이 뒤따른다.

　스케치에 나와 있는 시간 지연 1000ms의 값을 2000, 500, 300으로 변경하고 LED가 실제 점멸하는 속도를 확인하도록 한다.

　이제 아두이노를 사용할 준비가 완료되었다. 원하는 목적에 따라 프로그램을 변경한 후 업 로드하여 결과를 확인한다. 환경설정은 처음 한번만 세팅해주면 된다. OS 환경에 따라 설정환경은 약간 차이가 있음을 유의한다.

표 2-1 사용된 명령들

명령	설명
/* 문장 */	설명문 /* 부터 시작하여 */ 까지의 문장은 설명문으로 처리되어 동작을 하지 않는다. 프로그램의 설명을 위해 사용한다.
// 문장	설명문 // 로 시작되는 한 줄은 설명문으로 처리되어 동작을 하지 않는다. 프로그램의 설명을 위해 사용한다.
setup( )	프로그램에서 한번만 실행되는 함수로서, 초기화 관련 데이터를 지정하는데 사용된다.
loop( )	프로그램에서 반복되어 실행되는 함수로서, 실제 동작하고자 하는 명령들을 포함한다.
pinMode(핀 번호, 상태)	핀 번호에서 지정된 해당 핀을 지정된 상태값(INPUT 또는 OUTPUT)에 따라 입력이나 출력으로 지정한다.
digitalWrite(핀 번호, 출력)	핀 번호에서 지정된 해당 핀을 지정된 출력값(LOW 또는 HIGH)에 따라 0[V] 또는 5[V]를 출력한다.
delay(숫자)	시간 지연 함수이다. 지정된 숫자만큼의 ms단위의 시간 지연을 갖는다.

아두이노에서 사용하는 C/C++ 언어를 이해하기 위해서 시리얼 모니터 프로그램을 이용하자. 시리얼 모니터는 아두이노와 컴퓨터 간에 시리얼 통신을 할 수 있다. 데이터 통신을 하기 때문에 시리얼 모니터를 통해 결과를 바로 확인할 수 있다.

시리얼 모니터 프로그램 실행 방법은 툴 → 시리얼 모니터 메뉴 또는 Ctrl+Shift+M 단축키를 사용하면 된다(단, 아두이노가 컴퓨터에 연결되어 있어야 한다).

그림 2-1 시리얼 모니터 프로그램 실행 방법

그림 2-2 시리얼 모니터 창

간단하게 시리얼 모니터 창에 정수, 실수, 문자, 문자열을 출력해 보자.

```
void setup() {
    Serial.begin(9600);              /직렬 포트 초기화
}
void loop() {
    Serial.println(10);              //정수
    Serial.println(1.23456);         //실수
    Serial.println( 'Y' );           //문자
    Serial.println( "Hello world." );        //문자열

    while(1);                //한번만 실행하기 위해서 대기
}
```

여기서 Serial.begin(9600)는 시리얼 통신을 위한 통신 속도를 설정하게 한다. 즉 9600baud로 시리얼 통신한다는 의미이고, 시리얼 모니터 창에서도 속도를 같게 잡아줘야 한다. 일반적으로 통신 속도는 9600baud를 사용한다.

그림 2-3 통신 속도 설정

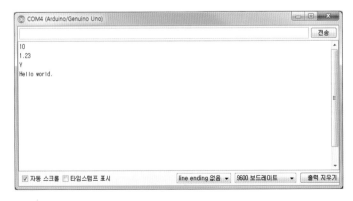

그림 2-4 정수, 실수, 문자, 문자열 출력

또한 Serial.println( )는 줄바꿈 있는 출력을 할 때 사용한다. 출력 형식은 정수, 실수, 문자, 문자열 등이 가능하다.

 참고 **Serial.print( ), Serial.println( ) 함수**

문법

Serial.print(값)   //줄바꿈 없는 출력
Serial.println(값)   //줄바꿈 있는 출력
Serial.print(값, format)
Serial.println(값, format)

format에 따른 출력 형식

- 정수 : 2진수(BIN), 8진수(OCT), 10진수(DEC), 16진수(HEX)
    예 Serial.print(12, HEX); //12값을 16진수로 출력
- 실수 : 소수점 이하 자릿수(기본값은 2자리)
    예 Serial.print(1.23, 1); //소수점 1자리만 출력

다양한 숫자 표현 방법을 살펴보자.

다음은 2진수, 8진수, 10진수, 16진수를 10진수로 출력하는 예제이다.

```
void setup() {
  Serial.begin(9600);              // 컴퓨터와의 시리얼 통신 초기화
}
void loop() {
  byte data10 = 123;               // 10진수 값
  byte data2 = 0b1111011;          // 2진수 값
  byte data8 = 0173;               // 8진수 값
  byte data16 = 0x7B;              // 16진수 값
  //123=0b1111011=0173=0x7B
  //10진수로 출력하여 확인
  Serial.println(data10, DEC);
  Serial.println(data2, DEC);
  Serial.println(data8, DEC);
  Serial.println(data16, DEC);

  while(1);
}
```

참고   **10진수 123을 2진수, 8진수, 16진수로 각각 표현하면**

2진수 : **0b**1111011, **0B**1111011 또는 **B**1111011

8진수 : **0**173

16진수 : **0x**7B 또는 **0X**7B

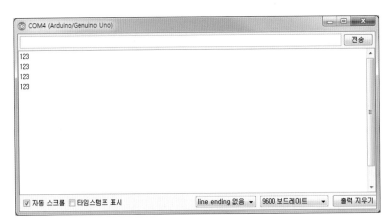

그림 2-5   2진수, 8진수, 10진수, 16진수를 10진수로 출력

다음은 2진수, 8진수, 10진수, 16진수 및 소수점 자리수를 지정하여 출력하는 예제이다.

```
void setup() {
    Serial.begin(9600);
}
void loop() {
    Serial.print( "Binary : " );
    Serial.println(12, BIN);        //2진수 출력
    Serial.print( "Octal : " );
    Serial.println(12, OCT);        //8진수 출력
    Serial.print( "Decimal : " );
    Serial.println(12, DEC);        //10진수 출력
    Serial.print( "Hexadecimal : " );
    Serial.println(12, HEX);        //16진수 출력
    Serial.println(1.23456, 0);
    Serial.println(1.23456, 1);
    Serial.println(1.23456, 2);
    while(1);
}
```

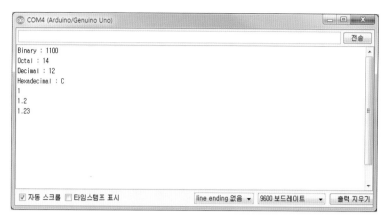

그림 2-6 2진수, 8진수, 10진수, 16진수 및 실수 출력

2-2 데이터 타입 및 연산자

데이터 타입은 C/C++ 언어에서와 동일하며, 아두이노는 ATmega328은 8비트 CPU를 사용하므로 일반적으로 컴퓨터에서 사용하는 데이터 타입과 이름은 같아도 필요로 하는 메모리 크기는 작거나 같다.

아두이노에서 사용하는 데이터 타입을 정리하면 다음 표와 같다.

표 2-2 데이터 타입

데이터 타입	크기(byte)	설명
boolean	1	논리형
char	1	문자형
byte	1	정수형
int	2	정수형
word	2	정수형
short	2	정수형
long	4	정수형
float	4	실수형
double	4	실수형

스케치에서 사용하는 연산자 또한 C/C++ 언어와 동일하다. 사용할 수 있는 연산자를 표로 나타내면 다음과 같다.

표 2-3 연산자

연산자		의미	사용 예	비고
산술 연산자	+	더하기	a = b + c	
	−	빼기	a = b − c	
	*	곱셈	a = b * c	
	/	나눗셈	a = b / c	
	%	나머지	a = b % c	
	=	대입	a = b	
증감 연산자	++	변수의 값을 1만큼 증가	a++	변수 앞뒤에 사용
	−−	변수의 값을 1만큼 감소	−−a	변수 앞뒤에 사용
비교 연산자	>	크다	a > b	
	> =	크거나 같다	a > = b	
	<	작다	a < b	
	<=	작거나 같다	a <= b	
	==	같다	a == b	
	!=	같지 않다	a != b	
논리 연산자	&&	AND	(a > 2) && (a<=10)	
	||	OR	(a > =5) || (a<0)	
	!	NOT	!(a > 0)	
비트 논리 연산자	&	비트 AND	a & b	비트 단위 AND
	|	비트 OR	a ¦ b	비트 단위 OR
	^	비트 XOR	a ^ b	비트 단위 XOR
	~	비트 NOT	~a	비트 단위 NOT
비트 시프트 연산자	≪	왼쪽으로 시프트	a ≪ b	a를 b−비트 왼쪽으로 시프트하고 오른쪽은 ( )으로 채움
	≫	오른쪽으로 시프트	a ≫ b	a를 b−비트 오른쪽으로 시프트하고 왼쪽은 ( )으로 채움

산술 연산자의 예제는 다음과 같다.

```
void setup() {
  Serial.begin(9600);
}
void loop() {
    int num1=10, num2=3;
    int result;

    result = num1 + num2;
    Serial.print( "num1 + num2 = " );
    Serial.println(result);

    result = num1 - num2;
    Serial.print( "num1 - num2 = " );
    Serial.println(result);
    result = num1 * num2;
    Serial.print( "num1 * num2 = " );
    Serial.println(result);

    result = num1/ num2;
    Serial.print( "num1 / num2 = " );
    Serial.println(result);

    result = num1 % num2;
    Serial.print( "num1 % num2 = " );
    Serial.println(result);

    while(1);
}
```

그림 2-7 산술 연산자 결과

증감 연산자는 변수의 값을 1만큼 증가시키거나 감소는 연산자로, 변수 앞뒤에 ++ 또는 -- 연산자를 사용한다.

표 2-4 증감 연산자

구분	연산자	연산 결과
전위형	++ 변수	증가된 변수 값 사용
	-- 변수	감소된 변수 값 사용
후위형	변수 ++	증가되기 전 변수 값 사용
	변수 --	감소되기 전 변수 값 사용

증감 연산자의 예제는 다음과 같다.

```
void setup() {
  Serial.begin(9600);
}
void loop() {
    int count;
    int result1, result2;

    count = 10;
    result1 = ++count;              //전위형 1 증가
    Serial.print( "result = ++count = " );
    Serial.println(result1);

    count = 10;
    result1 = count++;              //후위형 1 증가
    Serial.print( "result = count++ = " );
    Serial.println(result1);

    count = 10;
    result2 = --count;              //전위형 1 감소
    Serial.print( "result = --count = " );
    Serial.println(result2);

    count = 10;
    result2 = count--;              //후위형 1 감소
    Serial.print( "result = count-- = " );
    Serial.println(result2);

    while(1);
}
```

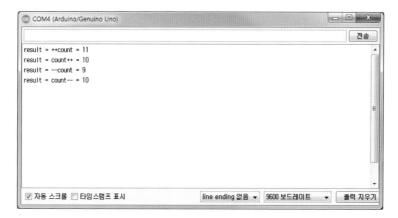

그림 2-8　증감 연산자 결과

비교 연산자의 예제는 다음과 같다.

```
void setup() {
  Serial.begin(9600);
}
void loop() {
    int a=20, b=10;

    Serial.print( "a = " );
    Serial.println(a);
    Serial.print( "b = " );
    Serial.println(b);

    Serial.print( "a > b = " );
    Serial.println(a>b);

    Serial.print( "a < b = " );
    Serial.println(a<b);

    Serial.print( "a == b = " );
    Serial.println(a==b);

    while(1);
}
```

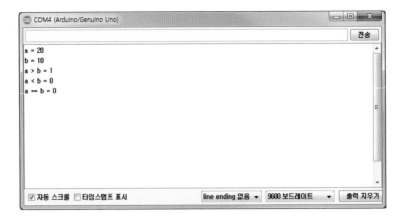

그림 2-9 비교 연산자 결과

논리 연산자의 예제는 다음과 같다.

```
void setup() {
  Serial.begin(9600);
}
void loop() {
    int a=80;

    Serial.print( "a >= 50 && a <= 100 : " );
    Serial.println(a >= 50 && a <= 100 );

    Serial.print( "a == 0 || a == 100 : " );
    Serial.println(a == 0 || a == 100 );

    while(1);
}
```

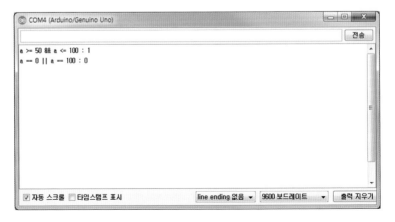

그림 2-10 논리 연산자 결과

비트 관련 연산자는 비트 단위로 연산을 하기 때문에 결과를 알기 위해서는 숫자를 2진수로 변환하여 비트 단위로 연산하면 결과 값을 알 수 있다. 예를 들어 12 & 10의 결과 값은 8이다. 즉, 12 & 10은 1100 & 1010이 되므로 결과 값이 1000이 되고, 다시 이 값을 10진수로 나타내면 8이 된다.

비트 논리 연산자 예제는 다음과 같다.

```
void setup(){
    Serial.begin(9600);
}
void loop(){
    int x = 12;      // binary: 1100
    int y = 10;      // binary: 1010

    Serial.print(x);
    Serial.print( " & " );
    Serial.print(y);
    Serial.print( " = " );
    Serial.println(x&y,DEC);   // binary: 1000

    Serial.print(x);
    Serial.print( " | " );
    Serial.print(y);
    Serial.print( " = " );
    Serial.println(x|y,DEC);   // binary: 1110

    Serial.print(x);
    Serial.print( " ^ " );
    Serial.print(y);
    Serial.print( " = " );
    Serial.println(x^y,DEC);   // binary: 0110

    while(1);
}
```

그림 2-11 비트 논리 연산자 결과

비트 이동 연산자는 방향에 따라 비트 단위로 이동시키며 빈자리는 0으로 채워진다. 또한 자릿수 만큼 곱과 나눈 값을 구할 수 있다. 예를 들어 5 ≪ 3이면 00000101을 좌측 방향으로 3칸씩 이동시키고 빈자리는 0으로 채워 00101000(5×2^3=40)이 된다.

비트 이동 연산자 예제는 다음과 같다.

```
void setup(){
Serial.begin(9600);
}
void loop(){
    int x = 5;          // binary: 00000101
    int y = x << 3;     // bitshift left
    int z = y >> 2;     // bitshift right

    Serial.print(x);
    Serial.print( " << 3 " );
    Serial.print( " = " );
    Serial.println(y,DEC);   // binary: 101000=40
    Serial.print(y);
    Serial.print( " >> 2 " );
    Serial.print( " = " );
    Serial.println(z,DEC);   // binary: 1010=10

    while(1);
}
```

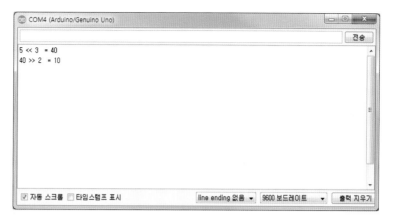

그림 2-12 비트 이동 연산자 결과

대입 연산자는 산술 연산자, 비트 연산자와 결합해서 복합 대입 연산자로 사용 가능하다.
예를 들어 num += 10은 num=num+10과 동일하다.

표 2-5 복합 대입 연산자

연산자	의미
a+=b	a=a+b
a-=b	a=a-b
a*=b	a=a*b
a/=b	a=a/b
a%=b	a=a%b
a&=b	a=a&b
a|=b	a=a|b
a^=b	a=a^b
a≪=b	a=a≪b
a≫=b	a=a⟩≫b

복합 대입 연산자의 예제는 다음과 같다.

```
void setup() {
    Serial.begin(9600);
}
void loop() {
    int value=1;

    value = 2;
    Serial.print( "value = 2 : " );
```

```
        Serial.println(value);

        value += 2;
        Serial.print( "value += 2 : " );
        Serial.println(value);

        value *= 2;
        Serial.print( "value *= 2 : " );
        Serial.println(value);

        value |= 2;
        Serial.print( "value |= 2 : " );
        Serial.println(value);

        value <<= 2;
        Serial.print( "value <<= 2 : " );
        Serial.println(value);

        while(1);
}
```

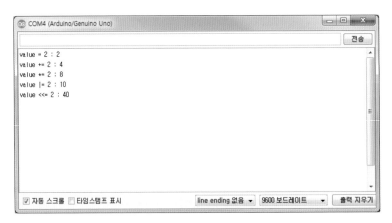

그림 2-13 복합 대입 연산자 결과

2-3   제어문 사용하기

제어문에는 프로그램의 기본 흐름(프로그램 위에서 아래로 순차적으로 문장들을 처리)을 제어하는 문들로 조건문, 반복문, 분기문이 있다.

(1) 조건문

if문은 조건식이 참(true)일 때만 다음 문장들을 수행하고 거짓(false)이면 수행하지 않는 문이다.

형식 : if(조건식) {
   문장;
    }

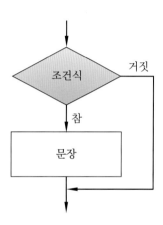

그림 2-14 if문 순서도

if문의 예제는 다음과 같다.

```
void setup() {
  Serial.begin(9600);
}

void loop() {
  int a=95;

  if(a >= 90)
      Serial.println( "A" );
  if(a < 60)
      Serial.println( "F" );

  while(1);
}
```

그림 2-15 if문 예제

if-else문은 조건이 참(true)일 때는 문장 1을 수행하고, 거짓(false)이면 문장 2를 수행하는 문이다.

형식 : if(조건식)
    {
             문장 1;
    }else{
             문장 2;
    }

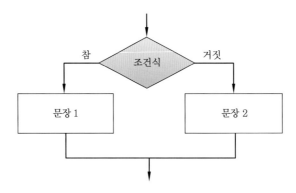

그림 2-16 if-else문 순서도

if-else문의 예제는 다음과 같다.

```
void setup() {
  Serial.begin(9600);
}

void loop() {
   int a=80;

  if(a <= 60)
      Serial.println( "Bad" );
  else
      Serial.println( "Good" );
  while(1);
}
```

그림 2-16 if-else문 예제

if-else-if문은 조건이 여러 개를 순차적으로 따져서 해당 조건을 만족하는 문장만을 수행하는 문이다.

　　형식 : if(조건식1) {
　　　　　　　文장 1;
　　　　　}else if(조건식 2) {
　　　　　　　文장 2;
　　　　　}else if(조건식 3) {
　　　　　　　文장 3;
　　　　　}else {

문장 N;

}

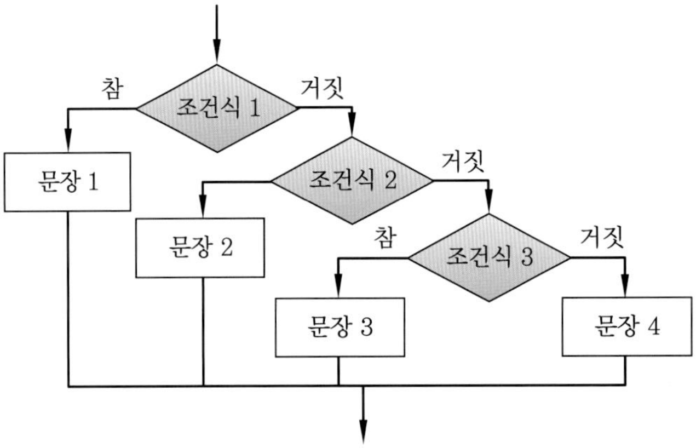

그림 2-18 if-else-if문 순서도

if-else-if문의 예제는 다음과 같다.

```
void setup() {
  Serial.begin(9600);
}
void loop() {
  int a=70;
  if(a >= 90)
      Serial.println( "A grade" );
  else if(a >=80)
      Serial.println( "B grade" );
  else if(a >=70)
      Serial.println( "C grade" );
  else if(a >=60)
      Serial.println( "D grade" );
  else
      Serial.println( "F grade" );
  while(1);
}
```

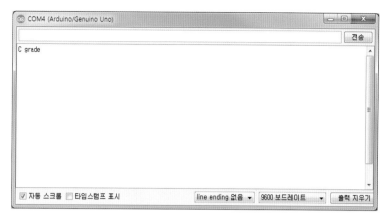

그림 2-18 if-else-if문 예제

switch-case문은 정수식(문자, 정수 타입)을 조건으로 사용하고, 값이 같은 case문의 문장들만을 수행한다. 또한 break를 만나면 switch문을 중지한다.

형식 : switch (정수식)
　{
　　　　case 정수값 1 :
　　　　　　문장 1;
　　　　　　break;

　　　　case 정수값 2 :
　　　　　　문장 2;
　　　　　　break;

　　　　case 정수값3 :
　　　　　　문장3;
　　　　　　break;
　　　　　…
　　　default:
　　　　　　문장 N;
　　　　　　break;
　　}

if-else-if문의 예제는 다음과 같다.

```
void setup() {
  Serial.begin(9600);
}
void loop() {
  int num1=20, num2=10;
  char op=' * ' ;

  switch(op)
  {
      case '+' :
              Serial.print( "Addition : " );
              Serial.println(num1 + num2);
              break;
      case '-' :
              Serial.print( "Subtraction : " );
              Serial.println(num1 - num2);
              break;
      case '*' :
              Serial.print( "Multiplication : " );
              Serial.println(num1 * num2);
              break;
      case '/' :
              Serial.print( "Division : " );
              Serial.println(num1 / num2);
              break;
      default:
              Serial.println( "Error!!!" );
               break;
    } //switch()문 끝
    while(1);
} //loop()문 끝
```

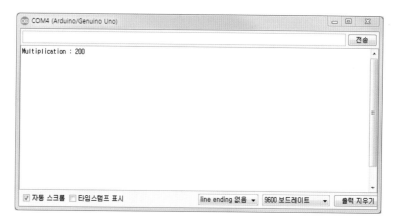

그림 2-19 switch-case문 예제

(2) 반복문

같은 코드를 여러 번 반복할 수 있고, 하나 이상의 문장을 주어진 조건을 만족하는 동안 반복해서 실행하는 문이다. 종류에는 for, while, do-while문이 있다.

for문은 초기식, 조건식, 증감식으로 구성되며, 조건식을 따져서 만족할 때만 for문을 수행한다. 또한 초기식은 1번만 수행한다.

형식 : for(초기식; 조건식; 증감식) {
　　　 반복할 문장;
　　　　 }

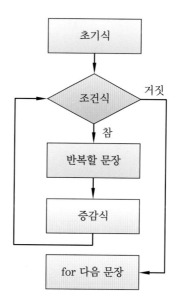

그림 2-20 for문 순서도

for문의 예제는 다음과 같다.

```
void setup() {
    Serial.begin(9600);
}
void loop() {
    int i;

    for ( i = 1 ; i <= 10 ; i++){    //1부터 10까지 1씩 증가
        Serial.println(i);
    }
    while(1);
}
```

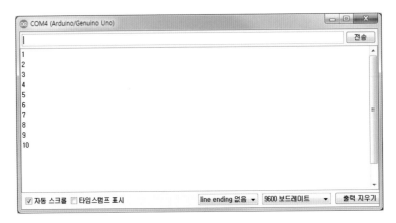

그림 2-21 for문 예제

while문은 for문과 달리 조건식만으로 구성되며, 조건식을 따져서 만족할 때만 while문을 수행한다.

형식 : while(조건식) {
        반복할 문장;
            }

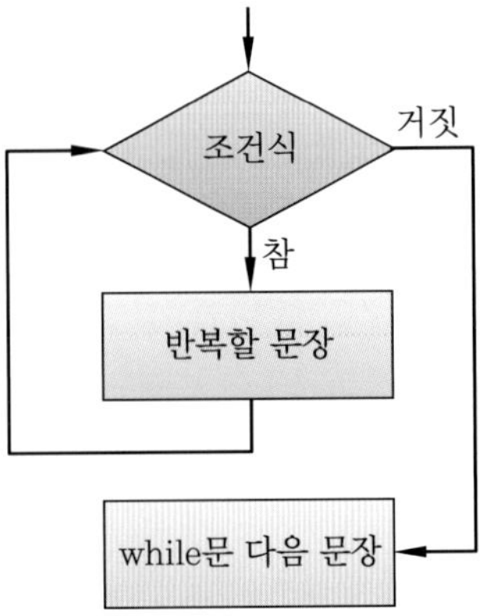

그림 2-22 while문 순서도

while문 예제는 다음과 같다.

```
void setup() {
    Serial.begin(9600);
}
void loop() {
    int i=0, sum=0;

    while (i <= 10){   // i값이 10이 될 때까지 while문 수행
        sum += i;
        i++;
    }
    Serial.print( "sum : " );
    Serial.println(sum);

    while(1);
}
```

그림 2-23 while문 예제

　do-while문은 while문과 비슷하게 조건식만으로 구성되나, 조건식이 뒤에 옴으로써 최소 한번은 문장을 수행시킬 수 있다는 특징이 있다.

　형식 : do{
　　　반복할 문장;
　　　}while(조건식);

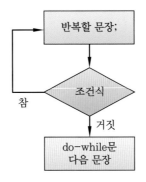

그림 2-24 do-while문 순서도

do-while문 예제는 다음과 같다.

```
void setup() {
    Serial.begin(9600);
}
void loop() {
    int i=1, factorial=1;

    do{
      factorial *= i;
      i++;
    }while (i <= 5);

    Serial.print( "factorial :  ");
    Serial.println(factorial);

    while(1);
}
```

그림 2-25 do-while문 예제

2-4   함수 사용하기

표준 C언어에는 main 함수가 반드시 존재하여야 하지만 스케치에는 setup과 loop 함수가 반드시 존재하여야 한다. 아두이노 기본 함수(pinMode( ), digitalWrite( ) 등)를 사용하거나 사용자가 정의하여 함수를 사용할 수 있다.

아두이노 기본 함수들은 https://www.arduino.cc/reference/en/에서 확인 가능하다.

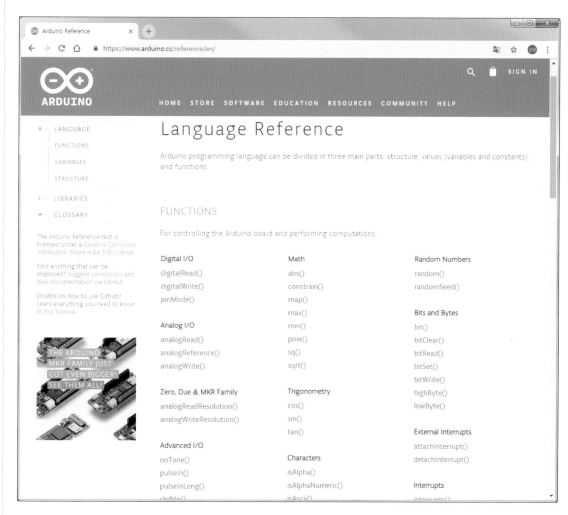

그림 2-26 아두이노 기본 함수들

표준 C언어의 사용자 정의 함수 사용은 선언, 정의, 호출로 이루어진다.
- 선언(declaration) : 함수의 이름, 매개변수, 반환 값 구성
- 정의(definition) : 함수 내에서의 실제 처리할 내용 기술
- 호출(call) : 함수 사용

스케치에서는 함수 호출 이전에 선언이나 정의가 나오지 않아도 가능하고, 함수 선언 없이 사용자 정의 함수 정의와 호출만으로 함수를 사용할 수 있다.

(1) 함수 정의

함수 정의(definition)는 함수 내에서의 실제 처리할 내용을 기술한다. 리턴형 함수명, 매개변수명 순으로 나타낸다.

형식 :

리턴형 함수명(데이터형 매개변수명, 데이터형 매개변수명,…)

{

함수가 처리할 문장들;

}

형식 예 :

```
int SUM(int x, int y)
{
        int result;
        result = x+y;
        return result;
}
```

리턴형은 처리한 결과를 리턴하는 값의 데이터 형을 표시한다.
- int SUM(int x, int y)   // 결과 값이 정수형(int)
- double MUL(int x, int y)   // 결과 값이 실수형(double)

또한 void형이면 함수의 리턴 값이 없음을 뜻한다.
- void SUM(int x, int y)   // 리턴 값이 없음(void)
- void MUL(int x, int y)   // 리턴 값이 없음(void)

함수의 매개변수는 수행하기 위해서 필요한 값을 넘겨주기 위한 변수이다. 매개변수를 갖지 않을 때는 ( ) 안에 void라고 적어준다.
여러 가지 매개변수 예제
- float Max(float x, float y, float z)   //매개변수가 float형 3개
- double Factorial(int x)   //매개변수가 int형 1개
- int SUM(int x, int y)   //매개변수가 int형 2개
- int GO_LEFT(void)   //매개변수 없음

(2) 함수 호출

함수 호출 시 함수명을 쓰고 ( ) 안에 매개변수에게 전달하는 값을 기입한다. 매개변수를 갖지 않는 함수 호출 시 빈 ( )를 사용한다.

함수 호출 예제 :
사용자 정의 함수 float Max(float x, float y, float z) 이면
호출 시 ⇨ Max(a, b, c);

사용자 정의 함수 double Factorial(int x) 이면
호출 시 ⇨ Factorial(a);

사용자 정의 함수 int SUM(int x, int y) 이면
호출 시 ⇨ SUM(a, b);

사용자 정의 함수 void HELLO(void) 이면
호출 시 ⇨ HELLO( );

void-void(리턴 값 및 매개변수가 없음) 타입의 사용자 정의 함수 예제는 다음과 같다.

```
void setup() {
    Serial.begin(9600);        // open the serial port at 9600 bps:
}

void loop() {
    HELLO();               //함수 call
    BYE();                 //함수 call
    while(true);
}
//사용자 정의 함수
void HELLO(void){
    Serial.println( "Hello World" );
}
//사용자 정의 함수
void BYE(void){
    Serial.println( "Good Bye!!!" );
}
```

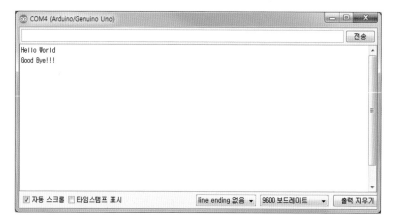

그림 2-27 void-void 타입의 사용자 정의 함수 예제

리턴 값 및 매개변수를 모두 가지는 사용자 정의 함수 예제는 다음과 같다.

```
void setup() {
    Serial.begin(9600);        // open the serial port at 9600 bps
}
void loop() {
    int a = 3;
    int b = 5;
    int c;

    c = Multiply(a, b);        // 함수 호출
    Serial.print(a);
    Serial.print( " * " );
    Serial.print(b);
    Serial.print( " = " );
    Serial.println(c);
    while(true);
}

//함수 정의(definition) 부분
int Multiply(int x, int y){
    int result;

    result = x * y;
    return result;
}
```

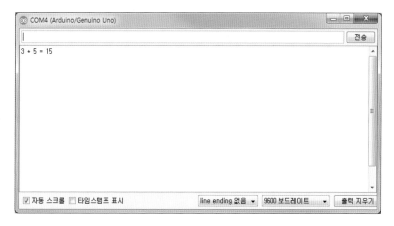

그림 2-28 리턴 값 및 매개변수를 모두 가지는 사용자 정의 함수 예제

2개의 매개변수 값으로 정수형 x=20, y=30을 넘겨주고 합계 및 평균을 구하는 함수를 정의하고 결과 값을 출력하는 예제이다. 단, 리턴 값은 없고 합계는 정수형으로, 평균은 실수형으로 출력한다.

```
void setup() {
    Serial.begin(9600);        // open the serial port at 9600 bps:
}
void loop() {
    int x=20, y=30;

    SumAndAverage(x, y);
    while(1);
}
//리턴 값은 없고 매개변수를 가지는 사용자 정의 함수
void SumAndAverage(int a, int b)
{
    Serial.print( "Sum : " );
    Serial.println(a + b);                // 정수형 합계
    Serial.print( "Average : " );
    Serial.println((float) (a + b) / 2);  // 실수형 평균
}
```

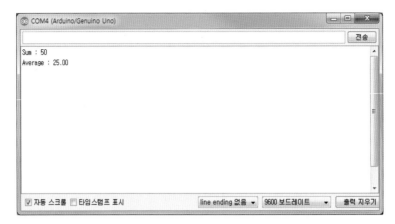

그림 2-29 리턴 값은 없고 매개변수를 가지는 사용자 정의 함수 예제

I/O 포트 구동하기

3-1 I/O 포트 구동하기-LED 점멸하기

(1) LED 점등

다음 그림과 같이 아두이노와 LED를 연결한다.

(a) 배치도

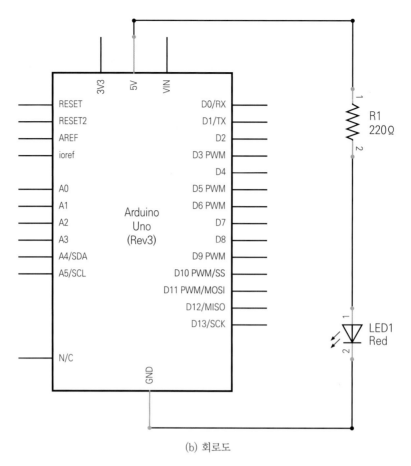

(b) 회로도

그림 3-1 LED 점등회로

　발광 다이오드(LED : Light Emitting Diode)는 양단간의 전압 차에 의해 전류가 흐를 때 발하는 소자이다. 제조 시 소요되는 재료에 따라 적색, 녹색, 황색의 일반적인 형태의 소자가 있으며, 최근에는 백색과 청색의 고휘도 LED가 개발되어져 조명 등 여러 분야에 많이 사용되고 있다. LED의 외형은 다음 그림과 같다.

그림 3-2 LED 외형

　LED 단자는 양극(Anode, +)과 음극(Cathode, −)이 있으며, 단자의 길이에 의해 구분한다. 길이가 긴 단자가 양극, 상대적으로 짧은 단자가 음극이다.

　　탄소 피막 저항은 부품에 인쇄되어 있는 색깔의 띠를 이용하여 부품 값을 표현한다. 일반적으로 4개의 띠를 갖고 있는 저항을 많이 사용한다. 4개의 띠 중 첫 번째와 두 번째 띠는 유효숫자를 가리키며, 세 번째 띠는 승수, 네 번째 띠는 허용오차를 나타낸다. 색깔별로 나타내는 의미는 다음 표와 같다.

표 3-1 저항의 색 띠

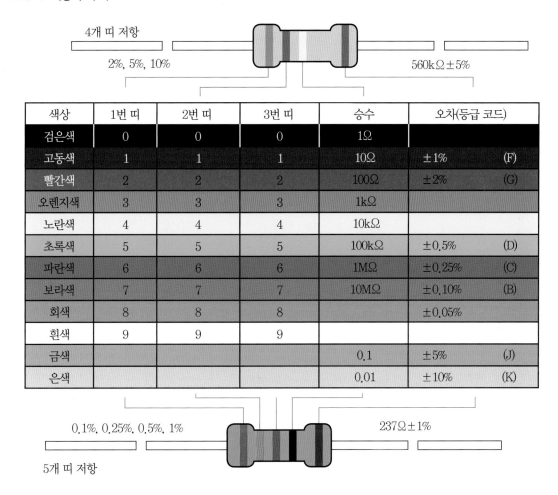

색상	1번 띠	2번 띠	3번 띠	승수	오차(등급 코드)	
검은색	0	0	0	1Ω		
고동색	1	1	1	10Ω	±1%	(F)
빨간색	2	2	2	100Ω	±2%	(G)
오렌지색	3	3	3	1kΩ		
노란색	4	4	4	10kΩ		
초록색	5	5	5	100kΩ	±0.5%	(D)
파란색	6	6	6	1MΩ	±0.25%	(C)
보라색	7	7	7	10MΩ	±0.10%	(B)
회색	8	8	8		±0.05%	
흰색	9	9	9			
금색				0.1	±5%	(J)
은색				0.01	±10%	(K)

　　만약 색깔 띠가 검은색, 고동색, 빨간색, 금색의 순서로 이루어져있다고 가정해보자.

고동색	검은색	빨간색	금색
1	0	2 (= 10의 2승)	±5%

(2) LED 점멸

　　이제 LED와 연결되는 아두이노의 핀 위치를 바꾸어본다. 전원에 연결되어 있던 핀을 7번 핀으로 연결을 변경한다.

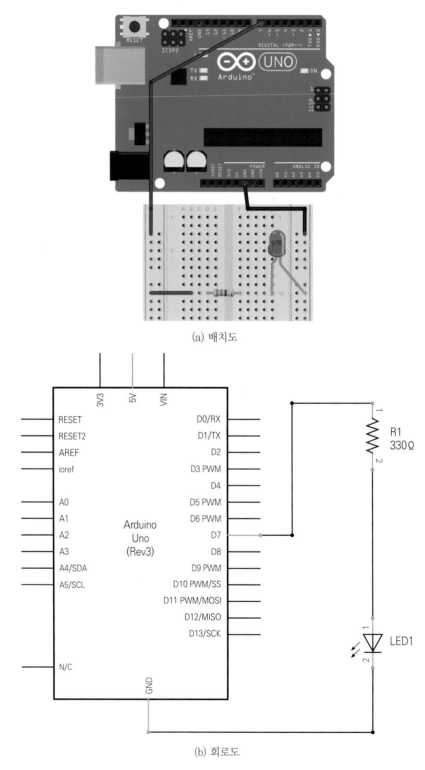

(a) 배치도

(b) 회로도

그림 3-3 LED 점멸회로

아두이노에 Blink 예제에서 사용한 프로그램을 다운로드하여 LED가 어떻게 점멸하는지 확인해 보자. 프로그램에서도 13번 핀의 설정을 7번 핀의 설정으로 바꾸도록 한다.

```
void setup()
{
    pinMode(7, OUTPUT);              // 7번 핀을 출력으로 설정
}

void loop()
{
    digitalWrite(7, HIGH);          // LED 점등
    delay(1000);                    // 1초 시간 지연
    digitalWrite(7, LOW);           // LED 소등
    delay(1000);                    // 1초 시간 지연
}
```

LED의 점멸 상태를 확인한다.

아두이노의 프로그램을 작성할 때, 즉 C/C++ 프로그램을 작성할 때 몇 가지 유의사항이 있다.

① 프로그램 명령은 항상 세미콜론, 즉 ; 으로 끝난다.

② 프로그램을 작성할 때 중괄호를 열게 되면, 즉 { 으로 시작하면 항상 키보드의 탭(tab) 키를 사용하여 들여쓰기를 실행한다. 우리가 띄어쓰기를 하듯 프로그램에서도 다른 사람들이 판독하기 쉽도록 탭 키를 사용해 줄을 맞추어 작성한다.

③ 컴파일을 할 때 에러가 발생하는 경우, 디버깅 창에서 에러 메시지를 더블클릭하게 되면 커서가 프로그램에서 에러가 발생한 곳으로 가서 하이라이트 표시를 하게 된다. 보통 에러는 해당 라인이나 그 위 라인에서 발생한다. 프로그램에서 세미콜론을 삭제하고 컴파일을 한 경우를 다음 그림에 나타내었다. 세미콜론을 삭제한 그 다음 라인이 하이라이트 되고, 디버깅 창에 delay 앞에 ; 이 있어야 한다는 에러 메시지를 볼 수 있다.

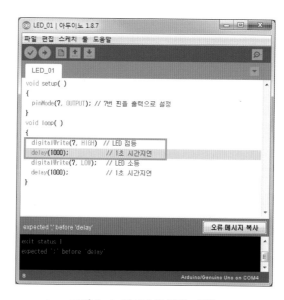

그림 3-4 에러가 발생하는 경우

(3) LED 순차 점멸(knight rider)

다음 그림과 같이 아두이노와 LED를 연결한다.

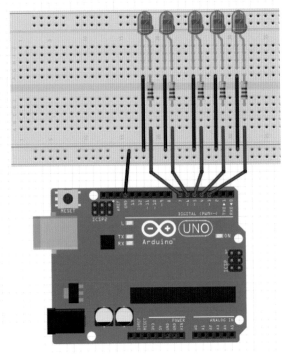

(a) 배치도

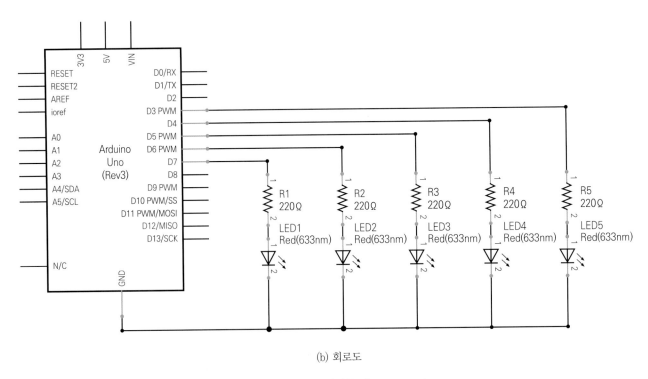

(b) 회로도

그림 3-5 LED 점멸회로(knight rider)

스케치에 다음과 같은 프로그램을 입력하고 컴파일을 실행한다. 에러가 없으면 프로그램을 다운로드하여 동작을 확인한다. 프로그램을 입력할 때 // 다음 부분은 프로그램 동작을 설명하는 설명문이므로 입력하지 않아도 프로그램 동작에는 영향을 끼치지 않는다. 하지만 다른 사람이 프로그램을 보았을 때나 학습자가 나중에 프로그램을 다시 보았을 때 어떤 의도로 프로그램을 작성했는지를 알 수 있기 때문에 입력을 하는 것이 일반적이다.

```
#define DELAY_TIME 100

void setup()
{
        pinMode(2, OUTPUT);            // 2번 핀을 출력으로 설정
        pinMode(3, OUTPUT);            // 3번 핀을 출력으로 설정
        pinMode(4, OUTPUT);            // 4번 핀을 출력으로 설정
        pinMode(5, OUTPUT);            // 5번 핀을 출력으로 설정
        pinMode(6, OUTPUT);            // 6번 핀을 출력으로 설정
  }

  void loop()
{
        digitalWrite(2, HIGH);         // 2번 핀에 연결된 LED 점등
        delay(DELAY_TIME);             // 시간 지연
        digitalWrite(2, LOW);          // 2번 핀에 연결된 LED 소등

        digitalWrite(3, HIGH);         // 3번 핀에 연결된 LED 점등
        delay(DELAY_TIME);             // 시간 지연
        digitalWrite(3, LOW);          // 3번 핀에 연결된 LED 소등

        digitalWrite(4, HIGH);         // 4번 핀에 연결된 LED 점등
        delay(DELAY_TIME);             // 시간 지연
        digitalWrite(4, LOW);          // 4번 핀에 연결된 LED 소등

        digitalWrite(5, HIGH);         // 5번 핀에 연결된 LED 점등
        delay(DELAY_TIME);             // 시간 지연
        digitalWrite(5, LOW);          // 5번 핀에 연결된 LED 소등

        digitalWrite(6, HIGH);         // 6번 핀에 연결된 LED 점등
        delay(DELAY_TIME);             // 시간 지연
        digitalWrite(6, LOW);          // 6번 핀에 연결된 LED 소등

  }
```

프로그램의 내용을 살펴본다.

```
#define DELAY_TIME 500
```

#define은 매크로 상수를 선언하는 명령어이다. 프로그램 작성 시 프로그램의 맨 처음 부분에 데이터의 타입을 선언하고, 프로그램에서 연산을 통해 값을 변화시켜 사용하는 것을 변수(variable)라고 한다. 상수는 변수와 비슷하지만 일단 한 번 값을 집어넣으면 다음에 바꿀 수 없다는 것이 다른 점이다.

매크로 상수 선언은 변수 선언과는 달리 마지막에 세미콜론을 입력하지 않는다.

셋업 함수를 살펴보자.

```
pinMode(2, OUTPUT);
```

셋업 함수에서는 pinMode 함수를 사용하여 LED와 연결된 아두이노 2번 핀을 출력으로 설정하였다. 셋업 함수의 나머지 부분은 3~6번 핀을 출력으로 설정하는 부분이다.

루프 함수를 살펴보자.

```
digitalWrite(2, HIGH);        // 2번 핀에 연결된 LED 점등
delay(DELAY_TIME);            // 시간 지연
digitalWrite(2, LOW);         // 2번 핀에 연결된 LED 소등
```

루프 함수에서는 digitalWrite 함수를 사용하여 2번 핀을 HIGH로 설정하였다가, 일정 시간 동안 시간지연하고, 다시 LOW로 설정하였다. HIGH로 설정하는 순간, 즉 아두이노에서 +5V를 출력하는 순간 LED가 점등하고, 매크로 함수에서 지정한 500ms 동안 점등을 유지한다. 그 이후에 아두이노에서는 LOW를 출력한다. 즉 0V를 출력하여 LED가 꺼지도록 한다. 이와 같은 동작을 6번 핀까지 반복하여 실행한다.

프로그램을 구동했을 때 매 0.5초마다 LED가 순서대로 켜지는 것을 확인할 수 있다.

(4) LED 순차반복 점멸

이전 실습에서는 LED 점멸의 진행방향이 한 쪽 방향으로만 진행하도록 프로그램을 작성하였다. 이제 루프 함수의 내용을 다음과 같이 변화시켜 LED 점멸 방향을 위 아래로 진행시켜 보도록 하자. 루프 함수의 프로그램 내용을 입력하고, LED가 위로 순서대로 점멸한 후, 다시 아래로 순서대로 점멸되는지를 확인한다. 또 이러한 동작이 계속적으로 반복되는지를 확인해 보자.

```
void loop()
{
        digitalWrite(2, HIGH);          // 2번 핀에 연결된 LED 점등
        delay(DELAY_TIME);              // 시간 지연
        digitalWrite(2, LOW);           // 2번 핀에 연결된 LED 소등

        digitalWrite(3, HIGH);          // 3번 핀에 연결된 LED 점등
        delay(DELAY_TIME);              // 시간 지연
        digitalWrite(3, LOW);           // 3번 핀에 연결된 LED 소등

        digitalWrite(4, HIGH);          // 4번 핀에 연결된 LED 점등
        delay(DELAY_TIME);              // 시간 지연
        digitalWrite(4, LOW);           // 4번 핀에 연결된 LED 소등

        digitalWrite(5, HIGH);          // 5번 핀에 연결된 LED 점등
        delay(DELAY_TIME);              // 시간 지연
        digitalWrite(5, LOW);           // 5번 핀에 연결된 LED 소등

        digitalWrite(6, HIGH);          // 6번 핀에 연결된 LED 점등
        delay(DELAY_TIME);              // 시간 지연
        digitalWrite(6, LOW);           // 6번 핀에 연결된 LED 소등

        digitalWrite(5, HIGH);          // 5번 핀에 연결된 LED 점등
        delay(DELAY_TIME);              // 시간 지연
        digitalWrite(5, LOW);           // 5번 핀에 연결된 LED 소등

        digitalWrite(4, HIGH);          // 4번 핀에 연결된 LED 점등
        delay(DELAY_TIME);              // 시간 지연
        digitalWrite(4, LOW);           // 4번 핀에 연결된 LED 소등

        digitalWrite(3, HIGH);          // 3번 핀에 연결된 LED 점등
        delay(DELAY_TIME);              // 시간 지연
        digitalWrite(3, LOW);           // 3번 핀에 연결된 LED 소등

        digitalWrite(2, HIGH);          // 2번 핀에 연결된 LED 점등
        delay(DELAY_TIME);              // 시간 지연
        digitalWrite(2, LOW);           // 2번 핀에 연결된 LED 소등
}
```

digitalWrite 함수를 사용하여 LED가 연결된 핀에 순서대로 HIGH와 LOW를 번갈아 출력해준다.

3-2 버튼 입력에 따른 LED 점멸

(1) 버튼으로 LED 점멸하기

앞의 실습에서는 아두이노로 부터 0과 1의 출력을 발생하는 것을 실험하였다. 이제 아두이노에서 입출력을 동시에 수행하는 실습을 해보도록 한다. 스위치 입력을 받아들여 연산을 수행하고 출력을 발생하는 실습을 진행해보도록 한다. 다음 그림 3-6과 같이 아두이노에 LED와 푸시버튼 스위치를 연결해 보자.

13번 핀에 LED를 연결하고, 2번 핀에 버튼을 연결한다. 스위치는 동작을 가했을 때 그 상태가 그대로 유지되는 토글 스위치와 스프링 동작에 의해 힘을 가한 상태에서는 눌러지지만 힘을 떼게 되면 원래 상태로 되돌아오는 푸시버튼 스위치가 있다. 스위치의 외형은 다음 그림과 같다.

(a) 토글 스위치   (b) 푸시버튼 스위치

그림 3-6 스위치 외형

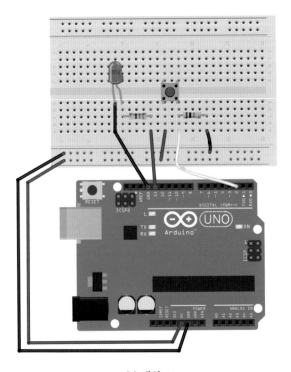

(a) 배치도

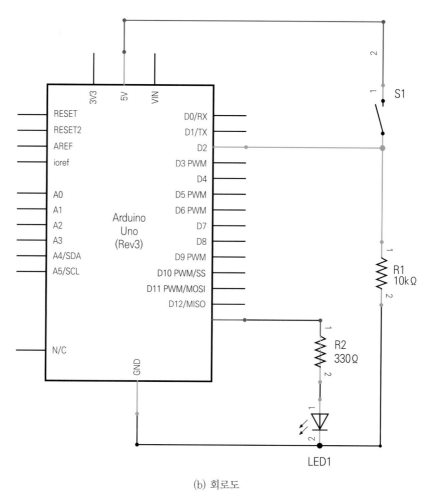

(b) 회로도

그림 3-7 버튼 입력에 따른 LED 점멸회로

버튼에 연결하는 저항은 $10k\Omega$ 저항을 사용한다. 회로 연결을 보면 버튼을 선 2개로 연결하지 않고 저항을 추가해 선 3개로 연결한 것을 볼 수 있다. 이와 같이 연결하는 것은 핀 모드를 입력으로 설정하면 해당 핀이 플로팅(floating) 상태가 되기 때문이다. 플로팅 상태란 해당 핀에 소량의 전류가 평소에도 흐르기 때문에 핀의 전압이 어느 한 상태로 고정되지 않고 LOW와 HIGH를 왔다 갔다 하는 현상을 말한다. 이러한 현상으로 인해 올바른 신호 값을 인식할 수 없다는 문제가 발생한다. 이러한 이유로 인해 저항을 버튼에 연결하여 사용한다. 따라서 핀의 전압을 LOW 또는 HIGH에 고정시켜 사용해야만 한다. 저항을 HIGH에 고정시키는 것을 풀업(pull-up)이라고 하고, LOW에 고정시키는 것을 풀다운(pull-down)이라고 한다. 이때의 저항을 풀업 저항 또는 풀다운 저항이라고 부른다.

입력 핀과 전원 사이에 저항을 연결한다. 푸시버튼 스위치가 눌러지게 되면 스위치는 닫힌 상태가 되고, 이 경우 입력 핀이 전원과 연결이 되어 있으므로 입력 전압이 5V가 되어 HIGH가 입력된다. 스위치에서 손을 떼면 눌러져 있던 스위치의 상태가 원래대로 복귀하고 입력 핀의 전압은 그라운드와 동일한 0V가 되어 LOW가 입력된다.

스케치에 다음과 같은 프로그램을 입력해 보자.

```
#define LED                13                        // LED 연결 핀을 정의한다.
#define PUSH_BUTTON        2                         // 푸시버튼 연결 핀을 정의한다.

void setup()
{
      pinMode(LED, OUTPUT);                          // LED가 연결된 핀을 출력으로 설정
      pinMode(PUSH_BUTTON, INPUT);                   // 푸시버튼이 연결된 핀을 입력으로 설정
}

void loop()
{
      if (digitalRead(PUSH_BUTTON) == HIGH)          // 푸시버튼 상태가 HIGH인지 확인한다.
      {
            digitalWrite(LED, HIGH);                 // LED 점등
            delay(1000);                             // 시간지연
            digitalWrite(LED, LOW);                  // LED 소등
      }
}
```

매크로 상수를 보면 2번 핀을 푸시버튼 스위치로, 13번 핀을 LED로 정의하였다.

```
#define PUSH_BUTTON        2        // 푸시버튼 연결 핀을 정의한다.
```

셋업 함수에서는 pinMode 함수를 사용하여 LED를 출력으로, 푸시버튼 스위치를 입력으로 설정하였다.

```
pinMode(PUSH_BUTTON, INPUT);        // 푸시버튼이 연결된 핀을 입력으로 설정
```

C언어에서 ==연산자는 좌우가 동일한지 비교한다. 만약 동일하면 참(true)이고, 다르면 거짓 (false)이다. if문에서 푸시버튼의 상태가 HIGH인지 비교하여 푸시버튼이 눌러진 상태이면 LED를 점멸하는 동작을 수행한다. 정상적으로 연결했다면 버튼이 눌렸을 때 LED가 켜졌다가 1초 뒤에 꺼지게 된다.

```
if (digitalRead(PUSH_BUTTON) == HIGH)
{
      LED 점멸;
}
```

(2) 2 버튼 입력으로 LED 점멸

입력을 하나 더 늘려보기로 하자. 다음 그림과 같이 푸시버튼 스위치 한 개를 3번 핀에 추가로 연결한다. 그리고 LED 한 개를 12번 핀에 추가로 연결한다.

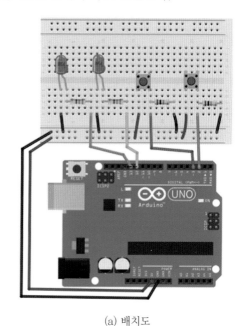

(a) 배치도

(b) 회로도

그림 3-8 2 버튼 입력에 따른 LED 점멸회로

푸시버튼 스위치 1번을 누르면 LED 1번이 점멸하고, 푸시버튼 스위치 2번을 누르면 LED 2번이 점멸하도록 한다. 다음과 같이 프로그램을 변경하여 스케치에 입력한다.

```
#define LED_1              13                    // LED1 연결 핀을 정의한다.
#define LED_2              12                    // LED2 연결 핀을 정의한다.
#define PUSH_BUTTON_1      2                     // 푸시버튼 스위치 1 연결 핀을 정의한다.
#define PUSH_BUTTON_2      3                     // 푸시버튼 스위치 2 연결 핀을 정의한다.

  void setup()
{
        pinMode(LED_1, OUTPUT);                  // LED1을 출력으로 지정한다.
        pinMode(LED_2, OUTPUT);                  // LED2를 출력으로 지정한다.
        pinMode(PUSH_BUTTON_1, INPUT);           // 푸시버튼 1을 출력으로 지정한다.
        pinMode(PUSH_BUTTON_2, INPUT);           // 푸시버튼 2를 출력으로 지정한다.
}

  void loop()
{
        // 푸시버튼 1의 상태가 HIGH인지 확인한다.
        if (digitalRead(PUSH_BUTTON_1) == HIGH)
        {
                digitalWrite(LED_1, HIGH);   // LED1을 점등한다.
                delay(500);                  // 0.5초 시간 지연한다.
                digitalWrite(LED_1, LOW);    // LED1을 소등한다.
          }

        // 푸시버튼 2의 상태가 HIGH인지 확인한다.
        if (digitalRead(PUSH_BUTTON_2) == HIGH)
        {
                digitalWrite(LED_2, HIGH);   // LED2를 점등한다.
                delay(500);                  // 0.5초 시간 지연한다.
                digitalWrite(LED_2, LOW);    // LED2를 소등한다.
          }
    }
```

매크로를 살펴보면 새로 추가된 LED2와 푸시버튼 스위치의 핀 번호를 12번과 3번으로 정의하였다. 이와 같이 매크로를 사용하는 이유는 프로그램 작성 시 매크로를 설정하면 나중에 프로그램의 상수 값을 변경시켜야 할 때 프로그램 내의 각각의 값을 변경시키지 않고 프로그램 처음에 나온 값만을 변경시키면 되기 때문이다.

```
#define LED_2            12        // LED2 연결 핀을 정의한다.
#define PUSH_BUTTON_2    3         // 푸시버튼 스위치 2 연결 핀을 정의한다.
```

셋업 함수에서는 LED2는 출력으로, 푸시버튼 스위치 2는 입력으로 지정하는 명령을 추가하였다.

```
pinMode(LED_2, OUTPUT);            // LED2를 출력으로 지정한다.
pinMode(PUSH_BUTTON_2, INPUT);     // 푸시버튼 2를 입력으로 지정한다.
```

루프 함수에서는 푸시버튼 스위치 2의 입력이 발생하였는지를 조사하여, 조건을 만족하면 LED2를 점멸하였다.

```
if (digitalRead(PUSH_BUTTON_2) == HIGH)
{
    digitalWrite(LED_2, HIGH);     // LED2를 점등한다.
    delay(500);                    // 0.5초 시간 지연한다.
    digitalWrite(LED_2, LOW);      // LED2를 소등한다.
}
```

(3) 버튼 입력에 따른 LED 점멸 순서 변경

그림 3-4의 회로에 푸시버튼 스위치 2개를 추가하여 버튼 입력에 따라 LED가 점멸하는 순서를 변경하도록 하는 회로를 구성한다. LED는 2번~6번 핀에 연결하고, 푸시버튼 스위치 1은 13번 핀에, 푸시버튼 스위치 2는 12번 핀에 연결한다.

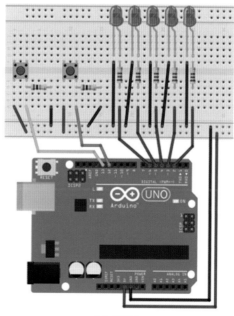

(a) 배치도

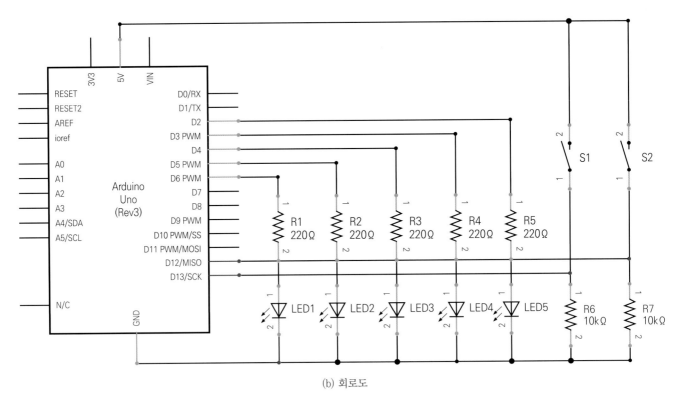

(b) 회로도

그림 3-9 2 버튼 입력에 따른 LED 순차점멸회로

2개의 푸시버튼 스위치 입력에 따라 LED의 점멸 순서를 달리하여 점멸하도록 프로그램을 변경해 보자. 푸시버튼 스위치 1을 누르면 LED 점멸이 위에서 아래 방향으로 점멸하도록 하고, 푸시버튼 스위치 2를 누르면 LED 점멸이 아래에서 위로 점멸하도록 한다. 아래와 같이 스케치에 프로그램을 작성하고, 동작 상태를 확인해보도록 한다.

```
#define DELAY_TIME      500                 // 지연 시간을 설정한다.

// LED 핀을 설정한다.
#define LED_1      2
#define LED_2      3
#define LED_3      4
#define LED_4      5
#define LED_5      6

// 푸시버튼 스위치의 핀을 설정한다.
#define PUSH_BUTTON_1   13
#define PUSH_BUTTON_2   12

  void setup()
{
```

```
            pinMode(LED_1, OUTPUT);              // LED 1번을 출력으로 설정한다.
            pinMode(LED_2, OUTPUT);              // LED 2번을 출력으로 설정한다.
            pinMode(LED_3, OUTPUT);              // LED 3번을 출력으로 설정한다.
            pinMode(LED_4, OUTPUT);              // LED 4번을 출력으로 설정한다.
            pinMode(LED_5, OUTPUT);              // LED 5번을 출력으로 설정한다.
            pinMode(PUSH_BUTTON_1, INPUT);       // 푸시버튼 스위치 1번을 입력으로 설정한다.
            pinMode(PUSH_BUTTON_2, INPUT);       // 푸시버튼 스위치 2번을 입력으로 설정한다.
    }


    void loop()
    {
        // 푸시버튼 1의 상태가 HIGH인지 확인한다.
        if (digitalRead(PUSH_BUTTON_1) == HIGH)
        {
                digitalWrite(LED_1, HIGH);      // LED 1번을 점멸한다.
                delay(DELAY_TIME);
                digitalWrite(LED_1, LOW);

                digitalWrite(LED_2, HIGH);      // LED 2번을 점멸한다.
                delay(DELAY_TIME);
                digitalWrite(LED_2, LOW);

                digitalWrite(LED_3, HIGH);      // LED 3번을 점멸한다.
                delay(DELAY_TIME);
                digitalWrite(LED_3, LOW);

                digitalWrite(LED_4, HIGH);      // LED 4번을 점멸한다.
                delay(DELAY_TIME);
                digitalWrite(LED_4, LOW);

                digitalWrite(LED_5, HIGH);      // LED 5번을 점멸한다.
                delay(DELAY_TIME);
                digitalWrite(LED_5, LOW);
        }

        // 푸시버튼 2의 상태가 HIGH인지 확인한다.
        if (digitalRead(PUSH_BUTTON_2) == HIGH)
        {
                digitalWrite(LED_5, HIGH);      // LED 5번을 점멸한다.
                delay(DELAY_TIME);
                digitalWrite(LED_5, LOW);
```

```
                    digitalWrite(LED_4, HIGH);    // LED 4번을 점멸한다.
                    delay(DELAY_TIME);
                    digitalWrite(LED_4, LOW);

                    digitalWrite(LED_3, HIGH);    // LED 3번을 점멸한다.
                    delay(DELAY_TIME);
                    digitalWrite(LED_3, LOW);

                    digitalWrite(LED_2, HIGH);    // LED 2번을 점멸한다.
                    delay(DELAY_TIME);
                    digitalWrite(LED_2, LOW);

                    digitalWrite(LED_1, HIGH);    // LED 1번을 점멸한다.
                    delay(DELAY_TIME);
                    digitalWrite(LED_1, LOW);
                }

            }
```

매크로에 시간 지연에 사용할 상수 값, LED에 연결할 아두이노의 핀 번호, 푸시버튼 스위치에 연결할 핀 번호들을 정의하였다. 만약 지연 시간을 더 길게 잡거나, 짧게 잡도록 프로그램을 변경하고자 할 때 프로그램에 사용되는 시간 값을 전체적으로 변경하지 않고, 매크로에 정의된 상수 값만 변경하면 되므로, 프로그램 변경이 간단해진다. LED와 푸시버튼 스위치에 할당된 핀 번호를 변경할 때도 마찬가지이다.

```
#define DELAY_TIME      500        // 지연 시간을 설정한다.
#define LED_1           2          // LED 핀을 설정한다.
#define PUSH_BUTTON_1   13         // 푸시버튼 스위치의 핀을 설정한다.
```

셋업 함수에서는 pinMode 함수를 사용하여 LED에 연결한 핀들을 출력으로, 푸시버튼에 연결한 핀들을 입력으로 설정하였다.

```
pinMode(LED_1, OUTPUT);           // LED 1번을 출력으로 설정한다.
pinMode(PUSH_BUTTON_1, INPUT);    // 푸시버튼 스위치 1번을 입력으로 설정한다.
```

루프 함수에서는 푸시버튼의 상태를 읽어들여 LED를 위에서 아래로 점멸하거나, 아래에서 위로 점멸하도록 프로그램을 작성하였다.

Chapter

4

시리얼 모니터

4-1 시리얼 모니터를 이용한 I/O 구동 I

(1) 시리얼 통신과 시리얼 모니터

아두이노와 컴퓨터 또는 기타 주변장치와 데이터를 주고받는 것을 데이터 통신(data communication)이라고 한다. 따라서 아두이노의 시리얼(serial) 모니터 프로그램을 이용하여 컴퓨터에서 LED를 제어하는 방법에 대해 알아보자.

시리얼 통신은 USART(Universal Synchronous Asynchronous Receiver Transmitter)로 알려진 방식이다. RS-232C 통신으로 알려져 있으며, 컴퓨터 본체 뒷면의 영문자 D와 같은 형태를 갖는 D-sub 9핀 커넥터를 사용하는 방법으로, 컴퓨터의 장치관리자에서는 com1로 표시되고 있다. 장치 관리자에서 LPT는 병렬통신을 위한 포트이다.

USART 통신에서 전송 속도는 일반적으로 보율(baud rate)을 사용하여 정의한다. 또는 bps(bit per second)를 사용하여 전송 속도를 표시하기도 한다. 실습에서는 9600bps를 사용하여 데이터 통신을 수행한다.

아두이노에서는 시리얼 통신을 사용하는 시리얼 모니터 프로그램이 있다. 이러한 시리얼 모니터는 아두이노와 컴퓨터 사이에서 메시지를 주고받을 수 있도록 한다. 따라서 프로그램을 디버깅하기 쉽도록 아두이노를 컴퓨터에서 쉽게 제어할 수 있도록 한다. 숫자를 카운트하여 시리얼 모니터로 전송하여 디스플레이하는 간단한 프로그램을 살펴보자.

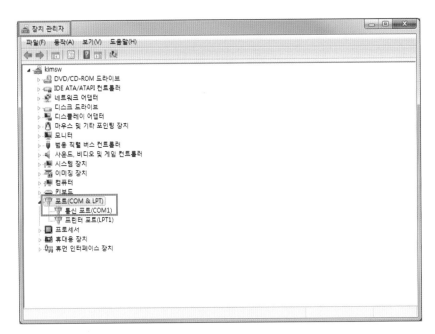

그림 4-1 통신포트

다음과 같은 프로그램을 스케치에 작성하여 아두이노에 전송한다.

```
#define DELAY_TIME 500              // 지연 시간을 설정한다.

int count_number = 0;              // 카운트 숫자를 정의한다.

void setup() {
      Serial.begin(9600);          // 시리얼 포트를 초기화한다. 전송 속도는 9600bps
}

void loop() {
      count_number++;              // 카운트 값을 1씩 증가시킨다.
      Serial.println(count_number); // 카운트 값을 시리얼 모니터로 출력한다.
      delay(DELAY_TIME);           // 시간 지연한다.
}
```

프로그램을 입력하고 컴파일한 후 보드에 다운로드한다. 툴 → 시리얼 모니터 메뉴 또는 Ctrl+Shift+M 단축키를 사용하여 모니터 프로그램을 실행한다.

그림 4-2 시리얼 모니터 실행 메뉴

모니터 프로그램을 실행하면 다음 그림과 같은 화면이 생성된다. 이 윈도를 시리얼 모니터라고 부른다. 사용자가 컴퓨터에서 아두이노로 메시지를 보낼 수 있게 해주며, 반대로 아두이노로 부터 오는 메시지를 컴퓨터로 받을 수 있도록 한다. 제목 표시줄에 시리얼 포트의 이름이 표시되고, 결과 값이 화면에 나타나게 된다.

그림 4-3 시리얼 모니터 화면

프로그램을 살펴보자. 셋업 함수에서 통신포트를 초기화한다.

```
Serial.begin(9600);       // 시리얼 포트를 초기화한다. 전송 속도는 9600bps
```

　전송 속도는 300, 1200, 2400, 4800, 9600, 19200, 28800, 38400, 57600, 74880, 115200, ..., 2000000 중 하나를 사용한다. 보통 일반적으로 9600을 많이 사용한다.

(2) 시리얼로 아스키 값 변환하기

　아스키코드(American Standard Coded information Interchange Code, ASCII code)는 1960년대에 문자를 숫자로 표현하기 위하여 정한 표이다. 7비트의 데이터에 1비트의 패리티 체크를 추가하여 8비트로 구성되어졌다. 코드화된 문자에는 33개의 제어문자(스페이스 포함)와 95개의 인쇄가능한 알파벳, 숫자 등을 포함하는 도형문자가 있다. 데이터 7비트는 컴퓨터의 키보드상의 모든 문자를 7비트, 즉 128개 이하의 개수로 표현가능하기 때문이다.

　실습에서는 아스키코드 33번인 '!' 부터 전송을 시작한다. 전송되어져 컴퓨터에 출력되어지는 화면은 다음과 같도록 구성한다.

```
!,    dec: 33, hex: 21, oct: 41, bin: 100001
",    dec: 34, hex: 22, oct: 42, bin: 100010
#,    dec: 35, hex: 23, oct: 43, bin: 100011
$,    dec: 36, hex: 24, oct: 44, bin: 100100
%,    dec: 37, hex: 25, oct: 45, bin: 100101
&,    dec: 38, hex: 26, oct: 46, bin: 100110
',    dec: 39, hex: 27, oct: 47, bin: 100111
(,    dec: 40, hex: 28, oct: 50, bin: 101000
```

　아두이노에 다음과 같은 아스키코드를 전송하는 프로그램을 작성한다.

```
void setup()
{
    Serial.begin(9600);                          // 시리얼 통신을 9600bps로 설정한다.
    Serial.println( "ASCII Table ~ Character Map" ); // 제목을 표시한다.
    delay(100);                                  // 시간 지연한다.
}

int number = 33;                    // 첫 번째 문자 '!'는 #33부터 시작한다.

void loop()
{
    Serial.print(char(number));    // 변환되지 않은 문자를 출력한다. 첫 번째는 '!'

    Serial.print( ", dec: " );
    Serial.print(number);          // 10진수로 출력한다.
```

```
        // Serial.print(number, DEC);        // DEC를 표시하여도 마찬가지 동작을 얻는다.


        Serial.print( ", hex: " );
        Serial.print(number, HEX);           // 16진수로 출력한다.


        Serial.print( ", oct: " );
        Serial.print(number, OCT);           // 8진수로 출력한다.


        Serial.print( ", bin: " );
        Serial.println(number, BIN);         // 2진수로 출력한다.


        // 출력한 문자가 126이면, 즉 '~'이면 동작을 멈추고 계속 대기한다.
        if(number == 126)
        {
                // 무한 루프
                while(true)
                {
                        continue;
                }
        }
        number++;                // 숫자를 증가시킨다.
        delay(100);              // 시리얼 통신으로 데이터를 보내기 위해 시간 지연한다.
}
```

셋업 함수를 살펴보자.

```
        Serial.begin(9600);                              // 시리얼 통신을 9600bps로 설정한다.
        Serial.println( "ASCII Table ~ Character Map" ); // 제목을 표시한다.
        delay(100);                                      // 시간 지연한다.
```

Serial.begin 함수를 사용하여 통신채널을 설정하였다. Serial.begin(9600) 명령은 9600bps로 시리얼 통신을 시작하도록 한다. 이 명령에 의해 아두이노는 USB연결을 통해 명령어를 보낼 수 있게 된다. 9600은 시리얼 통신 속도를 나타내며, 높을수록 통신 속도는 빠르게 된다. 이 숫자를 변경하면 시리얼 모니터 역시 같은 값을 가지도록 변경하여야 한다.

루프 함수를 살펴보자.

```
        Serial.print(number);                 // 변환되지 않은 문자를 출력한다. 첫 번째는 '!'
        Serial.print( ", bin: " );
        Serial.println(number, BIN);          // 2진수로 출력한다.
```

먼저 Serial.print 함수를 사용하여 첫 번째 문자인 '!'를 시리얼 통신으로 컴퓨터에 전송하였다.
프로그램을 실행하면 다음과 같은 시리얼 모니터 대화상자의 결과를 얻을 수 있다.

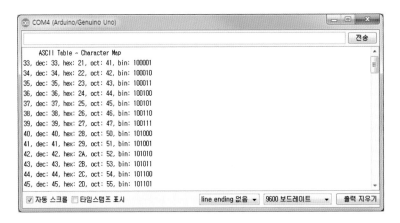

그림 4-4 ASCII 값 출력

(3) 시리얼로 버튼 상태 체크하기

버튼을 눌렀을 때 눌러진 버튼 상태를 체크하여 시리얼 모니터로 버튼 상태를 전송하는 프로그램
을 생각해보자. 다음 그림과 같이 하드웨어를 구성한다.

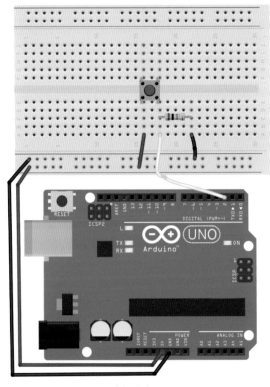

(a) 배치도

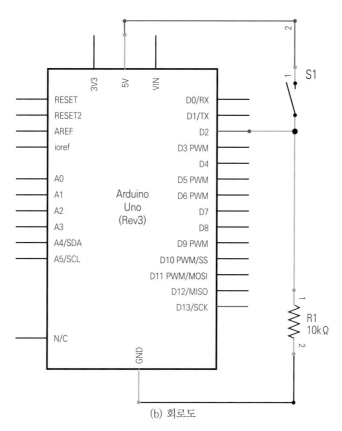

(b) 회로도

그림 4-5 버튼 상태 체크 회로

버튼 상태를 체크하여 시리얼 모니터로 버튼의 상태를 전송하는 프로그램을 다음과 같이 작성한다. 프로그램을 아두이노로 다운로드하여 동작 상태를 확인하도록 한다.

```
#define PUSH_BUTTON   2                              // 푸시버튼 입력 핀을 지정한다.

void setup()
{
    // 시리얼 포트를 초기화한다. 전송 속도는 9600bps
    Serial.begin(9600);
    pinMode(PUSH_BUTTON, INPUT);                     // 푸시버튼이 연결된 핀을 입력으로 설정
}

void loop()
{
    if (digitalRead(PUSH_BUTTON) == LOW)      // 푸시버튼 상태가 LOW인지 확인한다.
    {
        Serial.println( "Button is OFF" ); // 버튼 값 OFF를 시리얼 모니터로 출력한다.
    }
    else
```

```
    {
        Serial.println( "Button is ON" );   // 버튼 값 ON을 시리얼 모니터로 출력한다.
    }
    delay(500);                                 // 시간 지연한다.
}
```

프로그램을 다운로드하고 시리얼 모니터를 실행한다. 아래 그림과 같이 버튼을 누르지 않았을 때 "Button is OFF" 메시지가 출력되고, 버튼을 눌렀을 때 "Button is ON" 메시지가 출력되는지 확인한다.

그림 4-6 프로그램 실행에 따른 시리얼 모니터 결과

(4) 버튼 입력에 대한 디바운스 설정하기

우리가 LED 점멸 프로그램을 작성할 때 마이크로프로세서의 연산처리 능력이 빠르기 때문에 사람 눈에 점멸하는 것이 인식되지 않아 인위적인 시간 지연을 두어 LED 점멸이 사람 눈에 인식되도록 프로그램을 하였다. 버튼을 누를 때에도 비슷한 상황이 발생한다. 버튼을 누르고 떼는 동작을 했을 때 우리는 한 번만 동작시켰다고 생각하나 실제로 두 개의 접점이 기계적인 진동에 의해 미세하게 연결되고 떨어지는 현상이 연속적으로 발생한다. 이러한 현상을 채터링(chattering) 또는 바운스(bounce) 현상이라고 한다. 그리고 이러한 현상을 없애는 것을 디바운스(de-bounce)라 부른다.

디바운스를 위해 하드웨어적으로 회로를 추가할 수도 있지만 일반적으로 소프트웨어적으로 처리를 하여 바운스를 제거한다. 가장 간단한 방법으로는 버튼의 상태가 변화되는 최소 시간 간격을 설정하고 정해진 시간 이내의 상태변화는 무시하도록 프로그래밍하는 방법이다. 이를 위해 상태변화가 감지된 후 일정시간 동안 딜레이를 실행하여 상태변화를 무시하도록 하는 방법을 사용한다. 푸시버튼 입력 프로그램을 다음과 같이 변경시켜 보자.

```
#define PUSH_BUTTON       2                  // 푸시버튼 핀 번호를 지정한다.

boolean Prev_Button, Cur_Button;            // 푸시버튼의 이전 값, 현재 값을 변수 선언한다.
```

```
void setup()
{
        // 시리얼 포트를 초기화한다. 전송 속도는 9600bps
        Serial.begin(9600);
        pinMode(PUSH_BUTTON, INPUT);                    // 푸시버튼이 연결된 핀을 입력으로 설정
        Prev_Button = 0;
        Cur_Button = 0;
}

void loop()
{
        Cur_Button = digitalRead(PUSH_BUTTON);          // 버튼 상태를 읽어 현재 버튼 값에 넣기

        // 현재 상태가 이전 상태와 다른지 확인한다.
        if (Cur_Button != Prev_Button)
        {
                Prev_Button = Cur_Button;               // 버튼 상태 값을 업데이트한다.

                if (Cur_Button == HIGH)                 // 버튼이 눌러진 상태이면
                {
                        Serial.println( "Button is ON" );  // 버튼 값을 시리얼 모니터로 출력한다.
                }
                else
                {
                        Serial.println( "Button is OFF" ); // 버튼 값을 시리얼 모니터로 출력한다.
                }

                // 디바운스를 위해 시간 지연한다.
                delay(500);
        }
}
```

프로그램을 살펴보자.

```
boolean Prev_Button, Cur_Button;    // 푸시버튼의 이전 값, 현재 값을 변수 선언한다.
```

푸시버튼의 이전 상태(Previous State) 값과 현재 상태(Current State) 값을 비교하기 위해 이진 수로 변수 선언을 수행한다.
루프 함수의 내용을 살펴보자.

```
// 현재 상태가 이전 상태와 다른지 확인한다.
if (Cur_Button != Prev_Button)
```

```
{
    ......
    // 디바운스를 위해 시간 지연한다.
    delay(500);
}
```

　　푸시버튼의 상태가 변화되었을 때, 즉 이전 상태 값과 현재 상태 값이 차이가 있을 때에만 변화를 감지하고 시리얼 모니터에 출력을 변화시켜 출력한다. 또한 상태 값의 변화가 감지되어 동작할 때에는 디바운스를 위해 500ms 시간 지연을 두도록 한다.

(5) 푸시버튼 입력을 토글 스위치처럼 동작시키기

　　푸시버튼과 LED를 사용하여 다음 그림과 같은 회로를 구성한다. 배치도는 그림 3-7(a)를 참조한다. 아두이노에서 푸시버튼 입력을 받아 토글 스위치처럼 동작시키고자 한다. 푸시버튼 스위치는 누를 때에만 동작하는 스위치로서 손가락을 떼면 원래대로 복귀한다. 토글 스위치는 스위치를 젖히면 그 상태를 그대로 유지하는 스위치이다. 푸시버튼 스위치를 한 번 누르면 ON 상태가 되고, 다시 한 번 누르면 OFF 상태가 되도록 동작시켜 보자.

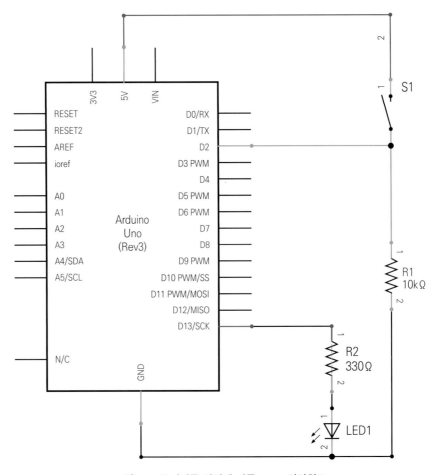

그림 4-7 푸시버튼 입력에 따른 LED 점멸회로

　다음과 같은 프로그램을 스케치에 입력하고, 아두이노에 다운로드하도록 한다. 푸시버튼 스위치 입력 부분을 프로그래밍할 때에는 디바운스 동작을 채용하도록 한다.

```
int inPin = 2;                          // 입력 핀
int outPin = 13;                        // 출력 핀

int state = HIGH;                       // 출력 핀의 현재 상태 값
int reading;                            // 입력 핀의 현재 값
int previous = LOW;                     // 입력 핀의 이전 값

long time = 0;                          // 출력 핀이 토글된 시간
long debounce = 200;                    // 디바운스 시간
void setup()
{
    pinMode(inPin, INPUT);              // 스위치 연결 핀을 입력으로 설정한다.
    pinMode(outPin, OUTPUT);            // LED 연결 핀을 출력으로 설정한다.
}


void loop()
{
    reading = digitalRead(inPin);       // 입력 핀의 상태를 읽어 들인다.

    // 입력 핀의 상태가 바뀌고, 토글된 시간이 디바운스 시간보다 긴 경우에만 동작한다.
    if (reading == HIGH && previous == LOW && millis() - time > debounce)
    {
        if (state == HIGH)              // 이전 상태 값이 HIGH이면 LOW로 전환한다.
            state = LOW;
        else
            state = HIGH;               // 이전 상태 값이 LOW이면 HIGH로 전환한다.
        time = millis();                // 토글된 시간을 계산한다.
    }

    digitalWrite(outPin, state);        // 상태 값을 출력한다.
    previous = reading;                 // 현재 상태 값를 이전 상태 값으로 치환한다.
}
```

　프로그램을 살펴보자. 셋업 함수는 이전 프로그램들과 동일한 동작을 수행한다.

　루프 함수에서 상태 값이 토글되는 경우를 판단하는 조건문을 살펴본다.

```
if (reading == HIGH && previous == LOW && millis() - time > debounce)
```

　'&&' 는 AND 동작을 실행한다.

　다음 3가지 조건이 만족되는 경우에만 조건문을 실행한다. 입력 핀의 상태 값을 받아들인 것이 HIGH이고, 이전 상태 값이 LOW이고, 토글된 시간이 디바운스를 위해 세팅된 200ms보다 큰 경우에만 참인 조건에 해당되어 상태 값을 토글시키는 동작을 한다.

Serial.available( )
- 원형 : int available(void)
- 아두이노가 시리얼 데이터를 수신하면 true를 리턴한다.
- 들어오는 메시지는 버퍼에 보관하고, 이 버퍼가 비어있지 않으면 Serial.available( )은 true를 리턴한다.
- 최대 64바이트까지 수신 버퍼에 저장

Serial.read( )
- 원형 : int read(void)
- 시리얼 통신 수신 버퍼에서 첫 번째 문자를 읽어 반환하고, 반환한 문자는 제거된다.
- 수신 버퍼가 비어있으면 −1 반환
- 예 char ch = Serial.read();
  버퍼에서 다음 문자를 읽어 ch변수에 할당하고 읽은 문자를 버퍼에서 제거한다.

4-2 시리얼 모니터를 이용한 I/O 구동 II

(1) 시리얼 모니터를 이용한 LED 점멸

시리얼 모니터를 사용하면 컴퓨터에서 LED를 켜거나 끄라는 명령을 보낼 수 있다. 다음 그림과 같이 회로를 구성한다.

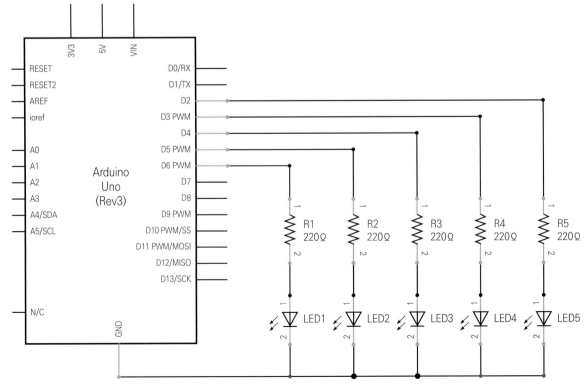

그림 4-8 LED 순차 점멸회로

다음 프로그램을 스케치에 입력하고 컴파일을 수행한다. 아두이노에 프로그램을 업로드하여 동작을 확인한다.

```
#define DELAY_TIME 500          // 지연 시간을 지정한다.

void setup()
{
    pinMode(2, OUTPUT);         // 2번 핀을 출력으로 설정
    pinMode(3, OUTPUT);         // 3번 핀을 출력으로 설정
    pinMode(4, OUTPUT);         // 4번 핀을 출력으로 설정
    pinMode(5, OUTPUT);         // 5번 핀을 출력으로 설정
    pinMode(6, OUTPUT);         // 6번 핀을 출력으로 설정

    Serial.begin(9600);         // 시리얼 포트를 초기화한다.

    // 시리얼 모니터에 " " 안의 문장을 출력한다.
    Serial.println("Enter LED Number 2 to 6 or 'x' to clear");
}

void loop()
{
    // 시리얼 통신이 가능한지 확인한다.
    if (Serial.available())
    {
        // 시리얼 데이터를 읽어 ch에 저장한다.
        char ch = Serial.read();

        if (ch == '2')             // 받은 문자가 2인지 확인한다.
        {
            digitalWrite(2, HIGH);  // 2번 LED를 점등한다.
            delay(DELAY_TIME);      // 시간 지연한다.
            digitalWrite(2, LOW);   // 2번 LED를 소등한다.

            // 2번 LED가 ON되었다는 것을 시리얼 모니터에 출력한다.
            Serial.print("Turned on LED #");
            Serial.println(ch);
        }

        if (ch == '3')             // 받은 문자가 3인지 확인한다.
        {
            digitalWrite(3, HIGH);  // 3번 LED를 점등한다.
            delay(DELAY_TIME);      // 시간 지연한다.
            digitalWrite(3, LOW);   // 3번 LED를 소등한다.
```

```
            // 3번 LED가 ON되었다는 것을 시리얼 모니터에 출력한다.
            Serial.print( "Turned on LED #" );
            Serial.println(ch);
    }

    if (ch == '4')                      // 받은 문자가 4인지 확인한다.
    {
            digitalWrite(4, HIGH);      // 4번 LED를 점등한다.
            delay(DELAY_TIME);          // 시간 지연한다.
            digitalWrite(4, LOW);       // 4번 LED를 소등한다.

            // 4번 LED가 ON되었다는 것을 시리얼 모니터에 출력한다.
            Serial.print( "Turned on LED #" );
            Serial.println(ch);
    }

    if (ch == '5')                      // 받은 문자가 5인지 확인한다.
    {
            digitalWrite(5, HIGH);      // 5번 LED를 점등한다.
            delay(DELAY_TIME);          // 시간 지연한다.
            digitalWrite(5, LOW);       // 5번 LED를 소등한다.

            // 5번 LED가 ON되었다는 것을 시리얼 모니터에 출력한다.
            Serial.print( "Turned on LED #" );
            Serial.println(ch);
    }

    if (ch == '6')                      // 받은 문자가 6인지 확인한다.
    {
            digitalWrite(6, HIGH);      // 6번 LED를 점등한다.
            delay(DELAY_TIME);          // 시간 지연한다.
            digitalWrite(6, LOW);       // 6번 LED를 소등한다.

            // 6번 LED가 ON되었다는 것을 시리얼 모니터에 출력한다.
            Serial.print( "Turned on LED #" );
            Serial.println(ch);
    }

    if (ch == 'x')                      // 받은 문자가 x인지 확인한다.
    {
            digitalWrite(2, LOW);       // 2번 LED를 소등한다.
            digitalWrite(3, LOW);       // 3번 LED를 소등한다.
            digitalWrite(4, LOW);       // 4번 LED를 소등한다.
            digitalWrite(5, LOW);       // 5번 LED를 소등한다.
```

```
        digitalWrite(6, LOW);       // 6번 LED를 소등한다.

        // 전체 LED가 OFF되었다는 것을 시리얼 모니터에 출력한다.
        Serial.println( "Cleared" );
      }
    }
}
```

스케치를 아두이노에 업로드한 이후에 시리얼 모니터를 실행한다.

그림 4-9 LED 순차 점멸회로 시리얼 모니터 창

대화창에 나오는 Enter LED Number 2 to 6 or 'x' to clear 메시지는 아두이노가 PC로 보낸 메시지이다. 숫자를 입력하면 해당 LED를 점멸하며, x는 그 외의 다른 동작을 하여 빠져나오도록 마련되어졌다. LED는 2번부터 6번까지 5개 숫자이다. 숫자를 입력하고 엔터를 치면 해당 LED가 점멸한다. 대화창에 x를 입력하면 모든 LED가 꺼지게 된다.

대화창에 2, 3, 4, 5, 6, x를 순차적으로 입력하고 엔터를 치면 연속적으로 해당 LED를 점멸하는 동작을 수행한다.

프로그램을 살펴보자. 먼저 셋업 함수를 본다.

```
void setup()
{
    pinMode(2, OUTPUT);          // 2번 핀을 출력으로 설정
    pinMode(3, OUTPUT);          // 3번 핀을 출력으로 설정
    pinMode(4, OUTPUT);          // 4번 핀을 출력으로 설정
    pinMode(5, OUTPUT);          // 5번 핀을 출력으로 설정
    pinMode(6, OUTPUT);          // 6번 핀을 출력으로 설정

    Serial.begin(9600);          // 시리얼 포트를 초기화한다.

    // 시리얼 모니터에 " " 안의 문장을 출력한다.
    Serial.println( "Enter LED Number 2 to 6 or 'x' to clear" );
}
```

먼저 이전 프로그램에서와 마찬가지로 지정하였듯이 핀 모드를 설정한다. 2번 핀에서 6번 핀까지 출력으로 설정하였다.

그 다음의 while문은 시리얼 연결이 준비될 때까지 대기하는 동작을 수행한다.

아래는 실제 프로그램의 핵심이 되는 loop문이다. 키보드 입력에 따라 해당되는 LED를 점멸한다.

```
void loop()
{
    if (Serial.available())
    {
        char ch = Serial.read();

        if (ch == '2')                          // 받은 문자가 2인지 확인한다.
        {
            digitalWrite(2, HIGH);              // 2번 LED를 점등한다.
            delay(DELAY_TIME);                  // 시간 지연한다.
            digitalWrite(2, LOW);               // 2번 LED를 소등한다.

            // " " 안의 문장을 시리얼 통신으로 전송한다.
            Serial.print( "Turned on LED #" );

            // 받은 문자 2를 시리얼 통신으로 전송한다.
            Serial.println( "ch" );
        }

        ......
        if (ch == 'x')                          // 받은 문자가 x인지 확인한다.
```

```
            {
                    digitalWrite(2, LOW);    // 2번 LED를 소등한다.
                    digitalWrite(3, LOW);    // 3번 LED를 소등한다.
                    digitalWrite(4, LOW);    // 4번 LED를 소등한다.
                    digitalWrite(5, LOW);    // 5번 LED를 소등한다.
                    digitalWrite(6, LOW);    // 6번 LED를 소등한다.

                    //  " " 안의 문장 Cleared를 시리얼 통신으로 전송한다.
                    Serial.println( "Cleared" );
            }
        }
}
```

Serial.available( ) 함수는 아두이노가 시리얼 데이터를 수신하면 true를 리턴한다. 들어오는 메시지는 버퍼에 보관하고, 이 버퍼가 비어있지 않으면 Serial.available( )은 true를 리턴한다.

```
    char ch = Serial.read();
```

Serial.read( )는 버퍼에서 다음 문자를 읽어 ch변수에 할당하고 읽은 문자를 버퍼에서 제거한다. 시리얼 모니터상에서 알려주는 명령 설명대로 명령을 입력하였으면 읽은 문자는 2~6의 숫자 중 하나이거나 x 문자이다.

다음 if문에서는 읽은 문자에 따라 숫자이면 해당 LED를 점멸하고, 문자 x의 경우에는 LED를 초기 상태로 되돌린다.

```
if (ch == '2')
{
    digitalWrite(2, HIGH);
    delay(DELAY_TIME);
    digitalWrite(2, LOW);
    Serial.print( "Turned on LED #" );
    Serial.println(ch);
}
```

다음 두 줄의 프로그램은 확인 메시지를 시리얼 모니터에 보내는 내용이다.

```
    Serial.print( "Turned on LED #" );
    Serial.println(ch);
```

첫 번째 줄은 Serial.print 함수를 사용하였고, 두 번째 줄은 Serial.println 함수를 사용하였다. Serial.print는 문자열을 출력하고 새 라인을 시작하지 않지만, Serial.println은 문자열을 출력하고 다음 줄에 새 라인을 시작한다는 차이점을 갖고 있다. 먼저 Serial.print를 이용하여 Turned on LED를 프린트하고, 그 다음에 Serial.println을 사용하여 입력되어진 LED번호를 출력한다.

마지막 if문에서는 들어온 문자가 x인지 확인을 한다. 만약 x가 입력되었다면 모든 LED를 끄고 확인 메시지를 출력한다.

```
if (ch == 'x')
{
        digitalWrite(2, LOW);
        digitalWrite(3, LOW);
        digitalWrite(4, LOW);
        digitalWrite(5, LOW);
        digitalWrite(6, LOW);

        Serial.println( "Cleared" );
}
```

(2) 시리얼 모니터를 이용한 LED up/down 순차점멸회로

다음 그림과 같이 푸시버튼 스위치와 LED를 사용하여 up/down 순차점멸회로를 구성하도록 한다.

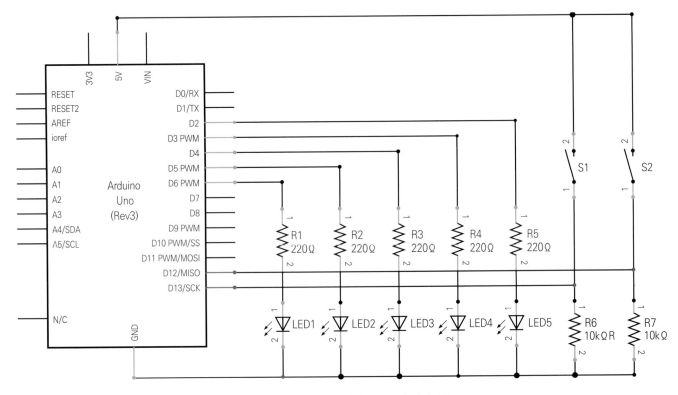

그림 4-10 스위치 입력에 따른 LED 순차점멸회로

앞 절에서 실험하였던 LED와 푸시버튼 스위치 예제를 활용하여 프로그램을 동작시켜 보자. 푸시버튼 대신에 시리얼 모니터 프로그램을 사용하여 키보드에서 forward를 뜻하는 문자 'f'를 입력하면, LED가 업되는 순서대로 2 → 3 → 4 → 5 → 6 순으로 점멸하고, reverse를 뜻하는 문자 'r'을 입력하면 LED가 다운되는 순서대로 6 → 5 → 4 → 3 → 2 순으로 점멸하도록 프로그램을 작성하고, 동작을 확인한다.

```
#define DELAY_TIME 500            // 지연 시간을 지정한다.

void setup()
{
    pinMode(2, OUTPUT);           // 2번 핀을 출력으로 설정
    pinMode(3, OUTPUT);           // 3번 핀을 출력으로 설정
    pinMode(4, OUTPUT);           // 4번 핀을 출력으로 설정
    pinMode(5, OUTPUT);           // 5번 핀을 출력으로 설정
    pinMode(6, OUTPUT);           // 6번 핀을 출력으로 설정

    // 시리얼 포트를 9600bps로 초기화하고 문장을 화면에 디스플레이한다.
    Serial.begin(9600);
    Serial.println( "Enter 'f' orward or 'r' everse" );
}

void loop()
{
    // 시리얼 통신이 가능한지 확인한다.
    if (Serial.available())
    {
        // 시리얼 데이터를 읽어 ch에 저장한다.
        char ch = Serial.read();

        if (ch == 'f')                // 받은 문자가 "f" 인지 확인한다.
        {
            digitalWrite(2, HIGH);    // 2번 LED를 점등한다.
            delay(DELAY_TIME);        // 시간 지연한다.
            digitalWrite(2, LOW);     // 2번 LED를 소등한다.

            digitalWrite(3, HIGH);    // 3번 LED를 점등한다.
            delay(DELAY_TIME);        // 시간 지연한다.
            digitalWrite(3, LOW);     // 3번 LED를 소등한다.

            digitalWrite(4, HIGH);    // 4번 LED를 점등한다.
            delay(DELAY_TIME);        // 시간 지연한다.
            digitalWrite(4, LOW);     // 4번 LED를 소등한다.
```

```
        digitalWrite(5, HIGH);          // 5번 LED를 점등한다.
        delay(DELAY_TIME);              // 시간 지연한다.
        digitalWrite(5, LOW);           // 5번 LED를 소등한다.

        digitalWrite(6, HIGH);          // 6번 LED를 점등한다.
        delay(DELAY_TIME);              // 시간 지연한다.
        digitalWrite(6, LOW);           // 6번 LED를 소등한다.
    }
    if (ch == 'r')                      // 받은 문자가 'r'인지 확인한다.
    {
        digitalWrite(6, HIGH);          // 6번 LED를 점등한다.
        delay(DELAY_TIME);              // 시간 지연한다.
        digitalWrite(6, LOW);           // 6번 LED를 소등한다.

        digitalWrite(5, HIGH);          // 5번 LED를 점등한다.
        delay(DELAY_TIME);              // 시간 지연한다.
        digitalWrite(5, LOW);           // 5번 LED를 소등한다.

        digitalWrite(4, HIGH);          // 4번 LED를 점등한다.
        delay(DELAY_TIME);              // 시간 지연한다.
        digitalWrite(4, LOW);           // 4번 LED를 소등한다.

        digitalWrite(3, HIGH);          // 3번 LED를 점등한다.
        delay(DELAY_TIME);              // 시간 지연한다.
        digitalWrite(3, LOW);           // 3번 LED를 소등한다.

        digitalWrite(2, HIGH);          // 2번 LED를 점등한다.
        delay(DELAY_TIME);              // 시간 지연한다.
        digitalWrite(2, LOW);           // 2번 LED를 소등한다.
    }
  }
}
```

프로그램의 동작은 앞 절에서 실행한 LED 점멸회로 동작과 유사하다.
루프 함수에서 시리얼 모니터에 입력되어진 문자를 판별하는 명령을 살펴보자.

```
if (ch == 'f'){ LED up 점멸 }       // 받은 문자가 'f'인지 확인한다.


if (ch == 'r'){ LED down 점멸 }     // 받은 문자가 'r'인지 확인한다.
```

시리얼 모니터에 입력된 문자가 f이면 업되는 방향으로 LED를 점멸하는 동작을 수행하고, 시리얼 모니터에 입력된 문자가 r이면 다운되는 방향으로 LED를 점멸하는 동작을 수행한다.

(3) 시리얼로 LED 밝기 조절하기

이제 시리얼로 LED의 밝기를 조절하는 방법에 대해 알아보자. 다음 그림과 같이 아두이노의 9번 핀에 LED를 연결한다. 아두이노는 PWM(Pulse Width Modulation) 방식의 아날로그 출력을 내보낼 수 있으며, 이 신호를 사용하여 LED의 밝기를 조절한다. 아두이노를 보면 핀 이름에 물결모양 표시(∼)가 붙어있는 핀들이 PWM 출력을 낼 수 있다는 것을 나타낸다.

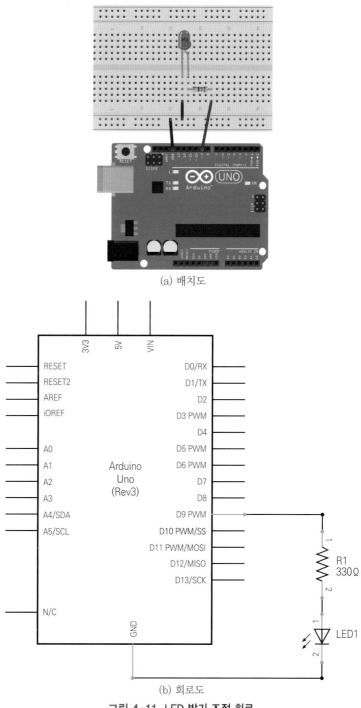

(a) 배치도

(b) 회로도

그림 4-11 LED 밝기 조절 회로

아두이노에 다음과 같은 프로그램을 입력하고, 그 동작을 확인하도록 한다. LED가 밝게 빛났다가 서서히 그 빛이 흐려지는 것을 관찰할 수 있다.

```
int ledPin = 9;                              // LED 핀을 지정한다.

void setup()
{
    pinMode(ledPin, OUTPUT);                 // LED 핀을 출력으로 설정한다.
}

void loop()
{
    for(int val=0; val<255; val++)
    {
        analogWrite(ledPin, val);            // PWM 출력을 내보낸다.
    }
}
```

루프문에서 사용된 명령이 for문이다.

```
    for(int val=0; val<255; val++)
    {
        analogWrite(ledPin, val);            // PWM 출력을 내보낸다.
    }
```

첫 번째 val라는 변수의 초기화를 수행하였다. 초기 값은 0이다.

두 번째로 val이라는 변수가 255보다 작다는 조건을 만족하는 한 중괄호 내의 명령을 반복적으로 수행한다. 즉 val이라는 변수가 0부터 254까지의 증가하는 동안에는 analogWrite() 함수에 변수값을 계속 출력하는 동작을 수행한다. 만약 val의 값이 255 이상이 되면 조건이 거짓이 되므로 for문을 빠져나가게 된다.

세 번째 val++라는 명령은 val이라는 변수의 값을 하나씩 증가시키라는 명령이다. 따라서 초기값인 0에서부터 시작하여 반복을 수행할 때마다 1씩 계속 증가하게 된다.

이제 시리얼 모니터를 사용하여 LED의 밝기를 조절하도록 한다. 다음과 같은 프로그램을 스케치에 입력하고 아두이노로 다운로드하여 동작을 확인해 보자.

```
int ledPin = 9;                              // LED 핀을 지정한다.

void setup()
{
    // 시리얼 통신을 9600bps로 초기화한다.
    Serial.begin(9600);
    pinMode(ledPin, OUTPUT);                 // LED 연결 핀을 출력으로 설정한다.
}

void loop()
{
    byte val;

    // 컴퓨터의 시리얼 모니터로 데이터가 전송되었는지 확인한다.
    if (Serial.available()) {
        val = Serial.parseInt();        // 시리얼 데이터를 읽어 val에 정수값으로 대입
        analogWrite(ledPin, val);       // val의 값을 PWM 신호로 출력
        Serial.print("Value : ");
        Serial.println(val);            // 입력된 정수값 출력
        delay(1000);
    }
}
```

시리얼 모니터를 실행하고 다음 그림과 같이 0~255 사이의 값을 입력하고, 전송 버튼을 누른다.

 참고 **analogWrite( ) 함수**

문법 : analogWrite(핀 번호, 값);
설명 : 핀 번호로 해당 값(0~255)을 PWM 방식으로 출력한다.

7-세그먼트 표시장치

5-1 7-세그먼트 구동회로 구성하기

(1) 7-세그먼트 특성

7-세그먼트(segment) 또는 FND(Flexible Numeric Display)라고 불리는 표시장치는 분할된 7개의 LED를 이용해 숫자 또는 글자를 표시하는 부품이다. 7-세그먼트는 엘리베이터, 에어컨 등 숫자를 표시하는 곳에 널리 사용되어지고 있다. 7-세그먼트의 외형은 그림 5-1과 같다. 각각의 분할된 영역은 그림에서 표시된 것과 같이 A~G, DP의 이름을 가지고 있다.

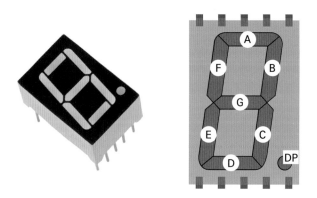

그림 5-1 7-세그먼트 외형

7-세그먼트는 위아래 가운데 위치한 공통되는 핀에 인가되는 전압에 따라 애노드, 캐소드 방식두 종류로 구분되며, 각각의 핀 맵(pin map)은 그림 5-2와 같다.

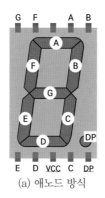
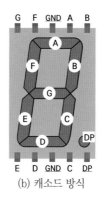

(a) 애노드 방식 (b) 캐소드 방식

그림 5-2 7-세그먼트 핀 맵

　7-세그먼트의 동작은 LED를 동작시키는 것과 동일하다. 애노드 방식은 VCC에 전원을 연결한다. 그리고 A~G, DP핀에 전압을 0V로 설정하면 7-세그먼트의 LED에 전류가 흘러 해당 세그먼트가 켜지고, 5V로 설정하면 전류가 흐르지 않아 해당 세그먼트가 꺼지게 된다. 실험에 사용할 소자는 애노드 방식을 사용한다. 이와 같이 0을 입력하면 동작하는 것을 액티브 로(active low)라고 한다. 일반적으로 마이크로프로세서에서는 대부분의 동작이 액티브 로 방식을 사용하여 회로를 구성한다.

　캐소드 방식은 애노드 방식과 반대이다. 공통단자에 VCC가 아닌 GND를 연결한다. 7-세그먼트 각각의 핀에 출력 전압을 5V로 하면 공통단자인 GND쪽으로 전류가 흘러 해당 세그먼트가 켜지게 되고, 0V로 하면 해당 세그먼트가 꺼지게 된다.

표 5-1 애노드 방식 및 캐소드 방식 핀 연결

Pin	FND507/567	FND500/560
1	Segment E	Segment E
2	Segment D	Segment D
3	Common Anode	Common Cathode
4	Segment C	Segment C
5	Decimal Point	Decimal Point
6	Segment B	Segment B
7	Segment A	Segment A
8	Common Anode	Common Cathode
9	Segment F	Segment F
10	Segment G	Segment G

(2) 7-세그먼트 구동하기

　아두이노와 7-세그먼트를 사용하여 그림 5-3과 같이 회로를 구성한다. VCC 사이에는 330Ω 저항을 연결한다.

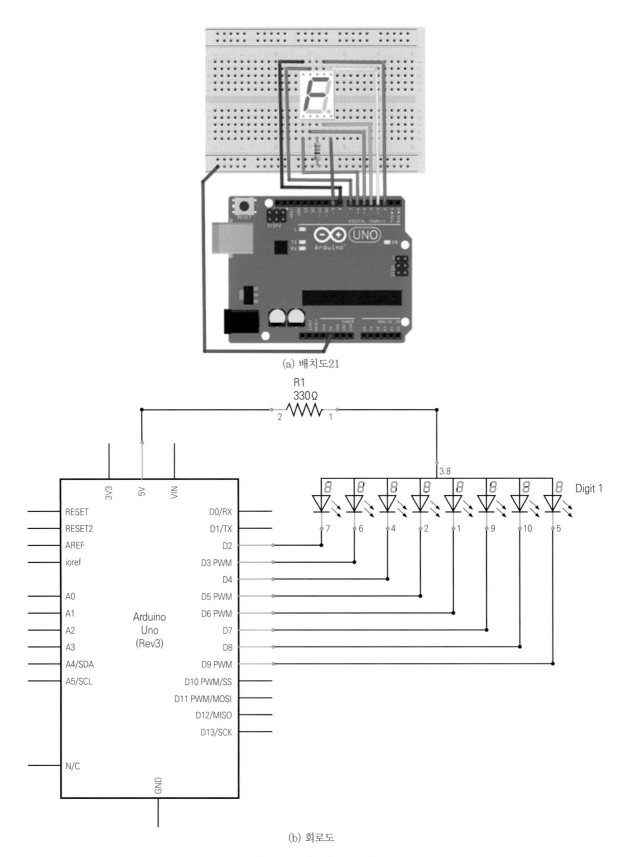

(a) 배치도21

(b) 회로도

그림 5-3 7-세그먼트 구동회로

　　7-세그먼트에 숫자를 표시하기 위해 각각의 세그먼트에 어떠한 출력을 내보내야할지를 다음 표에 정리하였다. 만일 Common Cathode 타입의 7-세그먼트인 경우는 값을 반대로 설정하면 된다. 즉 0 → 1로, 1 → 0으로 설정한다.

표 5-2 7-세그먼트 숫자 표시를 위한 각 핀의 출력(Common Anode 기준)

세그먼트 / 핀 번호 표시	A	B	C	D	E	F	G	DP
	2	3	4	5	6	7	8	9
0	0	0	0	0	0	0	1	1
1	1	0	0	1	1	1	1	1
2	0	0	1	0	0	1	0	1
3	0	0	0	0	1	1	0	1
4	1	0	0	1	1	0	0	1
5	0	1	0	0	1	0	0	1
6	0	1	0	0	0	0	0	1
7	0	0	0	1	1	1	1	1
8	0	0	0	0	0	0	0	1
9	0	0	0	1	1	0	0	1

　　이제 7-세그먼트에 숫자를 표시할 준비가 완료되었다. 스케치에 다음과 같은 프로그램을 입력한다.

```
// Common Anode 타입의 7-세그먼트의 '0' 출력
#define DELAY_TIME 500                          // 시간 지연 값을 지정한다.

void setup() {
    pinMode(2, OUTPUT);                         // A 핀을 출력으로 설정한다.
    pinMode(3, OUTPUT);                         // B 핀을 출력으로 설정한다.
    pinMode(4, OUTPUT);                         // C 핀을 출력으로 설정한다.
    pinMode(5, OUTPUT);                         // D 핀을 출력으로 설정한다.
    pinMode(6, OUTPUT);                         // E 핀을 출력으로 설정한다.
    pinMode(7, OUTPUT);                         // F 핀을 출력으로 설정한다.
    pinMode(8, OUTPUT);                         // G 핀을 출력으로 설정한다.
    pinMode(9, OUTPUT);                         // DP 핀을 출력으로 설정한다.
}
void loop() {
    digitalWrite(2, LOW);                       // A 연결 핀에 0을 출력한다.
    digitalWrite(3, LOW);                       // B 연결 핀에 0을 출력한다.
    digitalWrite(4, LOW);                       // C 연결 핀에 0을 출력한다.
    digitalWrite(5, LOW);                       // D 연결 핀에 0을 출력한다.
    digitalWrite(6, LOW);                       // E 연결 핀에 0을 출력한다.
    digitalWrite(7, LOW);                       // F 연결 핀에 0을 출력한다.
    digitalWrite(8, HIGH);                      // G 연결 핀에 0을 출력한다.
    digitalWrite(9, HIGH);                      // DP 연결 핀에 0을 출력한다.
    delay(DELAY_TIME);                          // 사람 눈에 인식되도록 시간 지연한다.
}
```

　프로그램을 아두이노에 다운로드하여 보자. 7-세그먼트에 '0'이 표시되었는지 확인한다. '0'이 표시되어 정상적으로 동작하는 것을 확인하였다면, 루프 함수를 아래와 같이 변경하여 프로그램의 나머지 부분을 완성한다.

```
// Common Anode 타입의 7-세그먼트의 '0' ~ '9'의 순차적 출력
void loop() {
    // 숫자 0을 출력한다.
    digitalWrite(2, LOW);                       // A
    digitalWrite(3, LOW);                       // B
    digitalWrite(4, LOW);                       // C
    digitalWrite(5, LOW);                       // D
    digitalWrite(6, LOW);                       // E
    digitalWrite(7, LOW);                       // F
    digitalWrite(8, HIGH);                      // G
    digitalWrite(9, HIGH);                      // DP
    delay(DELAY_TIME);                          // 시간 지연한다.
```

```
// 숫자 1을 출력한다.
digitalWrite(2, HIGH);              // A
digitalWrite(3, LOW);               // B
digitalWrite(4, LOW);               // C
digitalWrite(5, HIGH);              // D
digitalWrite(6, HIGH);              // E
digitalWrite(7, HIGH);              // F
digitalWrite(8, HIGH);              // G
digitalWrite(9, HIGH);              // DP
delay(DELAY_TIME);                  // 시간 지연한다.

// 숫자 2를 출력한다.
digitalWrite(2, LOW);               // A
digitalWrite(3, LOW);               // B
digitalWrite(4, HIGH);              // C
digitalWrite(5, LOW);               // D
digitalWrite(6, LOW);               // E
digitalWrite(7, HIGH);              // F
digitalWrite(8, LOW);               // G
digitalWrite(9, HIGH);              // DP
delay(DELAY_TIME);                  // 시간 지연한다.

// 숫자 3을 출력한다.
digitalWrite(2, LOW);               // A
digitalWrite(3, LOW);               // B
digitalWrite(4, LOW);               // C
digitalWrite(5, LOW);               // D
digitalWrite(6, HIGH);              // E
digitalWrite(7, HIGH);              // F
digitalWrite(8, LOW);               // G
digitalWrite(9, HIGH);              // DP
delay(DELAY_TIME);                  // 시간 지연한다.

// 숫자 4를 출력한다.
digitalWrite(2, HIGH);              // A
digitalWrite(3, LOW);               // B
digitalWrite(4, LOW);               // C
digitalWrite(5, HIGH);              // D
digitalWrite(6, HIGH);              // E
digitalWrite(7, LOW);               // F
digitalWrite(8, LOW);               // G
digitalWrite(9, HIGH);              // DP
delay(DELAY_TIME);                  // 시간 지연한다.
```

```
// 숫자 5를 출력한다.
digitalWrite(2, LOW);              // A
digitalWrite(3, HIGH);             // B
digitalWrite(4, LOW);              // C
digitalWrite(5, LOW);              // D
digitalWrite(6, HIGH);             // E
digitalWrite(7, LOW);              // F
digitalWrite(8, LOW);              // G
digitalWrite(9, HIGH);             // DP
delay(DELAY_TIME);                 // 시간 지연한다.

// 숫자 6을 출력한다.
digitalWrite(2, LOW);              // A
digitalWrite(3, HIGH);             // B
digitalWrite(4, LOW);              // C
digitalWrite(5, LOW);              // D
digitalWrite(6, LOW);              // E
digitalWrite(7, LOW);              // F
digitalWrite(8, LOW);              // G
digitalWrite(9, HIGH);             // DP
delay(DELAY_TIME);                 // 시간 지연한다.

// 숫자 7을 출력한다.
digitalWrite(2, LOW);              // A
digitalWrite(3, LOW);              // B
digitalWrite(4, LOW);              // C
digitalWrite(5, HIGH);             // D
digitalWrite(6, HIGH);             // E
digitalWrite(7, HIGH);             // F
digitalWrite(8, HIGH);             // G
digitalWrite(9, HIGH);             // DP
delay(DELAY_TIME);                 // 시간 지연한다.

// 숫자 8을 출력한다.
digitalWrite(2, LOW);              // A
digitalWrite(3, LOW);              // B
digitalWrite(4, LOW);              // C
digitalWrite(5, LOW);              // D
digitalWrite(6, LOW);              // E
digitalWrite(7, LOW);              // F
digitalWrite(8, LOW);              // G
digitalWrite(9, HIGH);             // DP
delay(DELAY_TIME);                 // 시간 지연한다.
```

```
        // 숫자 9를 출력한다.
        digitalWrite(2, LOW);              // A
        digitalWrite(3, LOW);              // B
        digitalWrite(4, LOW);              // C
        digitalWrite(5, HIGH);             // D
        digitalWrite(6, HIGH);             // E
        digitalWrite(7, LOW);              // F
        digitalWrite(8, LOW);              // G
        digitalWrite(9, HIGH);             // DP
        delay(DELAY_TIME);                 // 시간 지연한다.
}
```

프로그램을 구동하면 0.5초 간격으로 숫자가 업(up) 카운트되어 증가하는 것을 확인할 수 있다.

(3) 반복문을 사용하여 7-세그먼트 구동하기

이제 프로그램을 모듈화시켜 간결하게 만들어보도록 한다. 스케치에 입력된 프로그램을 반복문 for문과 함수 구성 그리고 데이터 배열을 통해 다음과 같이 간략하게 변경하도록 한다.

```
// 7-세그먼트 출력 데이터 값을 배열(array) 형태로 정의(Common Anode 기준)
byte digits[10][7] =
{
        { 0,0,0,0,0,0,1 },        // 0을 디스플레이하기 위한 데이터 포맷
        { 1,0,0,1,1,1,1 },        // 1을 디스플레이하기 위한 데이터 포맷
        { 0,0,1,0,0,1,0 },        // 2를 디스플레이하기 위한 데이터 포맷
        { 0,0,0,0,1,1,0 },        // 3을 디스플레이하기 위한 데이터 포맷
        { 1,0,0,1,1,0,0 },        // 4를 디스플레이하기 위한 데이터 포맷
        { 0,1,0,0,1,0,0 },        // 5를 디스플레이하기 위한 데이터 포맷
        { 0,1,0,0,0,0,0 },        // 6을 디스플레이하기 위한 데이터 포맷
        { 0,0,0,1,1,1,1 },        // 7을 디스플레이하기 위한 데이터 포맷
        { 0,0,0,0,0,0,0 },        // 8을 디스플레이하기 위한 데이터 포맷
        { 0,0,0,1,1,0,0 } };      // 9를 디스플레이하기 위한 데이터 포맷

void setup()
{
        // 2번부터 9번 핀을 출력으로 설정한다.
        for(int i=2; i<10; i++)
        {
                pinMode(i, OUTPUT);
        }
        digitalWrite(9, HIGH);         // DP는 꺼진 상태로 둔다.
}
```

```
void loop()
{
        for(int i=0; i<10; i++)
        {
                delay(1000);              // 1초 시간 지연한다.
                displayDigit(i);          // 7-세그먼트에 숫자를 표시한다.
        }
}


// 7-세그먼트에 숫자를 표시하기 위한 디스플레이 함수를 구성한다.
void displayDigit(int num)
{
        int pin = 2;

        for(int i=0; i<7; i++)
        {
                digitalWrite(pin+i, digits[num][i]);     // 7-세그먼트에 숫자를 표시한다.
        }
}
```

이제 프로그램을 하나씩 살펴보기로 하자. 먼저 7-세그먼트에 표시할 숫자를 배열로 준비한다. 회로 구성을 액티브 로로 구성하였으므로 0을 출력하면 해당 세그먼트가 켜지고, 1을 출력하면 해당 세그먼트가 꺼지게 된다. 표 5-2을 참조한다. 배열은 바둑판을 연상시키면 쉽게 이해할 수 있다. 각각의 사각의 격자에 데이터를 넣어두고 좌에서 우로 0에서부터 차례로 숫자를 부여하고, 위에서 아래로 0에서부터 차례로 숫자를 부여한다. 마이크로프로세서에서는 숫자를 0부터 시작하는 것에 유의한다. 다음 그림과 같이 숫자를 부여할 수 있다.

[0][0]	[0][1]	[0][2]	[0][3]
[1][0]	[1][1]	[1][2]	[1][3]
[2][0]	[2][1]	[2][2]	[2][3]
[3][0]	[3][1]	[3][2]	[3][3]

그림 5-4 배열 구조

10×7(10 by 7으로 읽는다) 배열 구조를 표 5-2의 데이터를 이용하여 아래와 같이 구성한다. 8번째 세그먼트인 DP는 사용하지 않으므로 배열에 포함시키지 않았다. 배열의 크기를 크게 하여 정의할 수도 있으나, 배열을 정의한다는 것은 마이크로프로세서에 있어서 그만큼의 메모리 공간을 예약하고 있어야 한다는 것을 의미하므로 되도록 정확한 크기를 계산해서 불필요한 메모리 공간의 사용은 피하는 것이 좋다.

```
byte digits[10][7] =
{
    { 0,0,0,0,0,0,1 },            // 0을 디스플레이하기 위한 데이터 포맷
    { 1,0,0,1,1,1,1 },            // 1을 디스플레이하기 위한 데이터 포맷
    { 0,0,1,0,0,1,0 },            // 2를 디스플레이하기 위한 데이터 포맷
    { 0,0,0,0,1,1,0 },            // 3을 디스플레이하기 위한 데이터 포맷
    { 1,0,0,1,1,0,0 },            // 4를 디스플레이하기 위한 데이터 포맷
    { 0,1,0,0,1,0,0 },            // 5를 디스플레이하기 위한 데이터 포맷
    { 0,1,0,0,0,0,0 },            // 6을 디스플레이하기 위한 데이터 포맷
    { 0,0,0,1,1,1,1 },            // 7을 디스플레이하기 위한 데이터 포맷
    { 0,0,0,0,0,0,0 },            // 8을 디스플레이하기 위한 데이터 포맷
    { 0,0,0,1,1,0,0 }             // 9를 디스플레이하기 위한 데이터 포맷
};
```

셋업 함수를 살펴보자. 반복문인 for문을 사용하여 2번 핀인 A부터 9번 핀인 DP까지 출력으로 설정하였다. 그리고 DP 핀을 HIGH로 지정하여 항상 꺼진 상태로 두도록 한다.

```
void setup(){
    // 2~9번 핀을 모두 출력으로 설정한다.
    for(int i=2; i<10; i++) {
        pinMode(i, OUTPUT);
    }

    // DP, 즉 점에 해당하는 부분을 꺼진 상태로 설정한다..
    digitalWrite(9, HIGH);
}
```

루프 함수를 살펴보자. 루프 함수에서는 7-세그먼트가 0에서 9까지 출력하는 동작을 반복하도록 한다. 루프 함수 밑에 숫자를 표시하기 위해 displayDigit라는 함수를 작성하였으며, 루프 함수에서 이 함수를 호출하도록 한다.

C 프로그램에서는 반복적으로 수행되는 일련의 동작들을 하나의 모듈로 모아놓고 함수로 작성한다. 메인 함수에서 그 함수를 호출하여 해당 동작을 반복 수행하도록 한다. 이렇게 프로그램을 모듈화시키는 것은 프로그램이 간결해지고, 프로그램의 동작을 손쉽게 파악할 수 있으며, 디버깅을 쉽게 할 수 있다는 장점을 갖는다.

```
void loop() {
    // 0에서 9까지 반복하는 루틴을 작성한다.
    for(int i=0; i<10; i++){
        delay(1000);                          // 1초간 시간 지연한다.
```

```
            displayDigit(i);                        // 7-세그먼트에 숫자를 표시한다.
        }
    }
}

// 숫자를 표시하기 위해 만든 함수이다.
void displayDigit(int num)
{
        // 2번부터 시작하는 핀 번호를 맞춰주기 위해 pin이란 변수에 2를 설정
        int pin = 2;
        for(int i=0; i<7; i++)
        {
                // 배열에서 부른 숫자를 7-세그먼트에 표시한다. 2번 핀부터 출력한다.
                digitalWrite(pin+i, digits[num][i]);
        }
}
```

displayDigit 함수에서 pin+i는 2번 핀부터 9번 핀까지의 출력 핀을 지정한다. [num]은 7-세그먼트에 출력되는 숫자를 지정한다. [i]는 0번부터 7번까지의 세그먼트 표시부분을 정의한다.

(4) 푸시버튼으로 7-세그먼트 구동하기

7-세그먼트 구동회로에 그림 5-5와 같이 푸시버튼 스위치를 추가 구성한다. 푸시버튼 스위치 1을 누르면 7-세그먼트가 0에서부터 숫자가 하나씩 증가하도록 한다. 이러한 동작을 Up Counter라 한다. 푸시버튼 스위치 2를 누르면 7-세그먼트가 9에서부터 숫자가 하나씩 감소하도록 한다. 이러한 동작을 Down Counter라 한다.

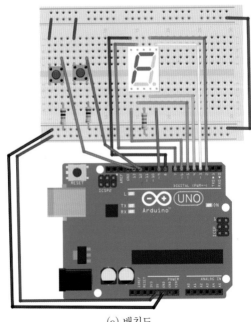

(a) 배치도

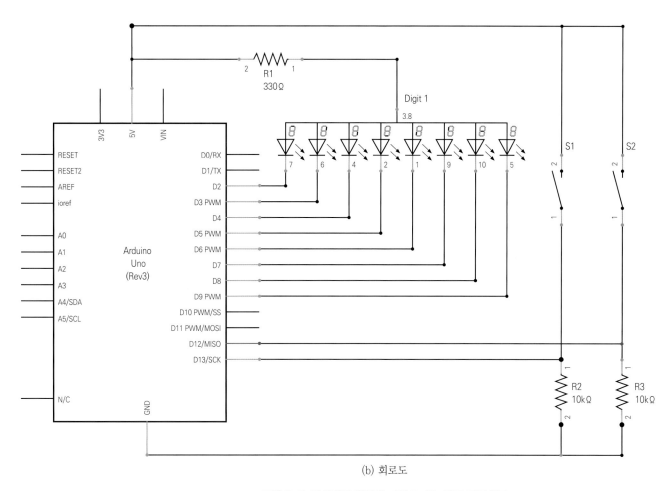

(b) 회로도

그림 5-5 푸시버튼 입력에 따른 7-세그먼트 구동회로

프로그램을 작성하고, 동작을 확인한다.

```
#define DELAY_TIME 500                    // 지연 시간을 설정한다.

// 푸시버튼 스위치의 핀을 설정한다.
#define PUSH_BUTTON_1  13
#define PUSH_BUTTON_2  12

// 7-세그먼트 데이터를 배열로 지정한다. (Common Anode 기준)
byte digits[10][7] =
{
    { 0,0,0,0,0,0,1 },
    { 1,0,0,1,1,1,1 },
    { 0,0,1,0,0,1,0 },
    { 0,0,0,0,1,1,0 },
    { 1,0,0,1,1,0,0 },
```

```
        { 0,1,0,0,1,0,0 },
        { 0,1,0,0,0,0,0 },
        { 0,0,0,1,1,1,1 },
        { 0,0,0,0,0,0,0 },
        { 0,0,0,1,1,0,0 } };

void setup()
{
    for(int i=2; i<10; i++)
    {
        pinMode(i, OUTPUT);                    // 7-세그먼트 연결 핀을 출력으로 지정한다.
    }
    digitalWrite(9, HIGH);                     // 9번 핀의 DP는 꺼진 상태로 둔다.

    pinMode(PUSH_BUTTON_1, INPUT);             // 푸시버튼 스위치 1번을 입력으로 설정한다.
    pinMode(PUSH_BUTTON_2, INPUT);             // 푸시버튼 스위치 2번을 입력으로 설정한다.

}

void loop()
{
    if (digitalRead(PUSH_BUTTON_1) == HIGH)    // 푸시버튼 1의 상태가 HIGH인지 확인한다.
    {
        for(int i=0; i<10; i++){
        delay(1000);                           // 1초 시간 지연한다.
        displayDigit(i);}                      // 7-세그먼트에 숫자를 표시한다.
    }

    if (digitalRead(PUSH_BUTTON_2) == HIGH)    // 푸시버튼 1의 상태가 HIGH인지 확인한다.
    {
        for(int i=10; i>0; i--){
        delay(1000);                           // 1초 시간 지연한다.
        displayDigit(i);}                      // 7-세그먼트에 숫자를 표시한다.
    }
}

// 7-세그먼트에 숫자를 표시하기 위한 디스플레이 함수를 구성한다.
void displayDigit(int num)
{
    int pin = 2;
    for(int i=0; i<7; i++)
```

```
        {
                digitalWrite(pin+i, digits[num][i]);      // 7-세그먼트에 숫자를 표시한다.
        }
}
```

(5) 시리얼 모니터로 7-세그먼트 구동하기

　푸시버튼 스위치 대신에 시리얼 모니터 프로그램을 사용하여 키보드에서 forward를 뜻하는 문자 f를 입력하면, 7-세그먼트가 0에서부터 숫자가 하나씩 증가하도록 한다. reverse를 뜻하는 문자 r 을 입력하면 7-세그먼트가 9에서부터 숫자가 하나씩 감소하도록 한다. 프로그램을 작성하고, 동작을 확인한다.

```
#define DELAY_TIME 500                          // 지연 시간을 설정한다.


// 7-세그먼트 데이터를 배열로 지정한다.
byte digits[10][7] =
{
        { 0,0,0,0,0,0,1 },
        { 1,0,0,1,1,1,1 },
        { 0,0,1,0,0,1,0 },
        { 0,0,0,0,1,1,0 },
        { 1,0,0,1,1,0,0 },
        { 0,1,0,0,1,0,0 },
        { 0,1,0,0,0,0,0 },
        { 0,0,0,1,1,1,1 },
        { 0,0,0,0,0,0,0 },
        { 0,0,0,1,1,0,0 } };

void setup()
{
        for(int i=2; i<10; i++){
                pinMode(i, OUTPUT);              // 7-세그먼트 연결 핀을 출력으로 지정한다.
        }
        digitalWrite(9, HIGH);                   // 9번 핀의 DP는 꺼진 상태로 둔다.
        Serial.begin(9600);
}

void loop()
{
        if (Serial.available())
        {
```

```
        char ch = Serial.read();

        if (ch == 'f')
        {
            for(int i=0; i<10; i++){
            delay(1000);                    // 1초 시간 지연한다.
            displayDigit(i);                // 7-세그먼트에 숫자를 표시한다.
            }
        }

        if (ch == 'r')
        {
            for(int i=9; i>=0; i--){
            delay(1000);                    // 1초 시간 지연한다.
            displayDigit(i);                // 7-세그먼트에 숫자를 표시한다.
            }
        }
    }
}

// 7-세그먼트에 숫자를 표시하기 위한 디스플레이 함수를 구성한다.
void displayDigit(int num) {
    int pin = 2;
    for(int i=0; i<7; i++)
    {
        digitalWrite(pin+i, digits[num][i]);        // 7-세그먼트에 숫자를 표시한다.

    }
}
```

5-2　7-세그먼트 모듈 구동회로 구성하기

(1) 7-세그먼트 모듈의 특성

　기본적으로 7-세그먼트를 구동하기 위해서는 앞의 실습에서 보았듯이 A에서 DP까지의 8개의 데이터 라인이 필요하다. 만약 우리가 그림 5-6과 같은 4개의 7-세그먼트 모듈을 구동하기 위해서는 4*8=32개의 데이터 라인이 필요하게 된다. 하지만 프로세서에서는 외부와 인터페이스할 수 있는 입출력 핀의 개수는 제한되어 있으므로 7-세그먼트 4개를 구동할 수 없다. 따라서 여러 가지 방법을 사용하여 입출력할 수 있는 핀의 개수를 확장하여 사용한다.

　가장 많이 사용하는 방법 중의 하나는 앞에서 실험한 바와 같이 7-세그먼트의 데이터 라인은 8비트를 사용하고, 새롭게 각각의 7-세그먼트를 구동할 수 있도록 하는 실렉트(select) 신호 4비트를 추가적으로 사용하는 방법이다. 또 다른 방법으로는 8255와 같은 외부 확장 PPI(Peripheral Parallel Interface) IC를 사용하여 8비트의 데이터를 24비트로 확장하여 사용하는 방법이 있다. 다른 방법으로는 74HC595나 CD4021BE와 같은 직렬 데이터를 병렬로 변환하여 출력하는 시프트 레지스터를 사용하는 방법이 있다.

　7-세그먼트가 4개인 하나의 모듈만을 사용할 때에는 실렉트 신호를 이용하는 방법이 편리하고, 그 이상의 세그먼트 모듈이 필요한 경우에는 시프트 레지스터를 사용하는 것이 용이하다.

　한 가지 유의할 것은 7-세그먼트 1개를 구동하여 디스플레이할 경우에는 지연 시간을 1초 간격으로 프로그램을 작성하였다. 하지만 7-세그먼트 모듈을 구동하는 경우에는 마이크로프로세서의 빠른 연산속도를 이용하여 번갈아가면서 각각의 7-세그먼트를 구동한다. 마이크로프로세서는 하나씩 7-세그먼트를 구동하지만 사람의 눈에는 잔상효과로 인해 4개의 7-세그먼트가 동시에 디스플레이되는 것으로 보이게 된다.

그림 5-6　7-세그먼트 모듈

(2) 7-세그먼트 모듈 구동하기

다음과 같이 하드웨어를 구성한다.

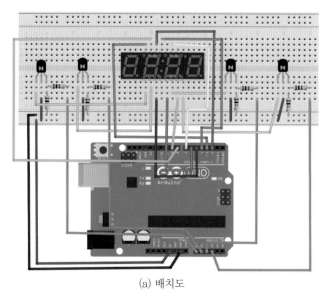

(a) 배치도

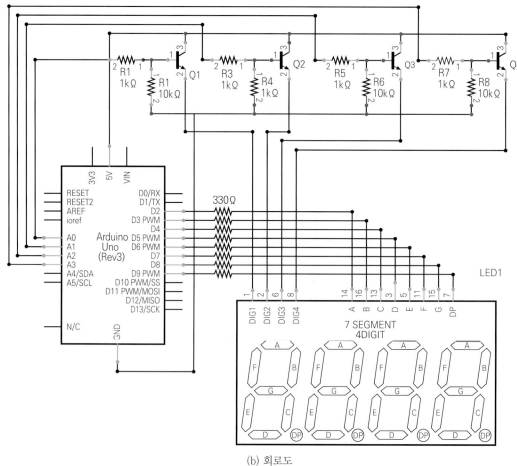

(b) 회로도

그림 5-7 7-세그먼트 모듈 구동회로

스케치에 다음과 같이 프로그램을 입력한다. 다운로드하여 동작을 확인해 보자.

```
int tr[4]={A0, A1, A2, A3};              // 실렉트 신호, 트랜지스터 핀
int fnd[8]={2, 3, 4, 5, 6, 7, 8, 9};     // 7-세그먼트 데이터 신호 할당 핀

// 7-세그먼트 데이터를 배열로 지정한다.
byte fnd_val[10][7] =
{
     { 0,0,0,0,0,0,1 },
     { 1,0,0,1,1,1,1 },
     { 0,0,1,0,0,1,0 },
     { 0,0,0,0,1,1,0 },
     { 1,0,0,1,1,0,0 },
     { 0,1,0,0,1,0,0 },
     { 0,1,0,0,0,0,0 },
     { 0,0,0,1,1,1,1 },
     { 0,0,0,0,0,0,0 },
     { 0,0,0,1,1,0,0 } };

int num=1;
int po=0;

void setup()
{
     // 트랜지스터 실렉트 핀 출력 설정
     for(int i=0; i<4; i++)
     {
          pinMode(tr[i], OUTPUT);
     }

     // 7-세그먼트 핀 출력 설정
     for(int j=0; j<8; j++)
     {
          pinMode(fnd[j], OUTPUT);
     }

     digitalWrite(9, HIGH);                // DP는 꺼진 상태로 둔다.
}

void loop()
{
     digitalWrite(tr[0], HIGH);            // 0번 7-세그먼트 실렉트
```

```
digitalWrite(tr[1], HIGH);                              // 1번 7-세그먼트 실렉트
digitalWrite(tr[2], HIGH);                              // 2번 7-세그먼트 실렉트
digitalWrite(tr[3], HIGH);                              // 3번 7-세그먼트 실렉트

for(int pinout=0; pinout<7; pinout++)
{
      digitalWrite(fnd[pinout], fnd_val[po][pinout]);        // 7-세그먼트 출력
}

po++;                                             // 숫자를 1씩 증가한다.

// 숫자가 10이 되면 0으로 초기화한다.
if(po==10)
{
      po=0;
}
delay(500);                                       // 시간 지연한다.
}
```

셋업 함수를 살펴본다. 트랜지스터를 구동하기 위한 실렉트 신호를 주기 위해 A0~A3 핀들을 출력으로 설정하였다. 또한 7-세그먼트를 구동하기 위한 D2~D9 핀들을 출력으로 설정하였다.

```
pinMode(tr[i], OUTPUT);
pinMode(fnd[j], OUTPUT);
```

루프 함수를 살펴본다. 트랜지스터를 구동하기 위한 실렉트 신호를 전부 HIGH로 인가하였다. 따라서 4개의 7-세그먼트가 동작한다.

```
digitalWrite(tr[0], HIGH);                              // 0번 7-세그먼트 실렉트
digitalWrite(tr[1], HIGH);                              // 1번 7-세그먼트 실렉트
digitalWrite(tr[2], HIGH);                              // 2번 7-세그먼트 실렉트
digitalWrite(tr[3], HIGH);                              // 3번 7-세그먼트 실렉트
```

반복문을 사용하여 7-세그먼트에 배열로 정의한 데이터를 출력하였다.

```
for(int pinout=0; pinout<7; pinout++)
{
      digitalWrite(fnd[pinout], fnd_val[po][pinout]);        // 7-세그먼트 출력
}
```

숫자를 1씩 증가시키다가 10이 되면 다시 0으로 초기화한다.

```
po++;                              // 숫자를 1씩 증가한다.


// 숫자가 10이 되면 0으로 초기화한다.
if(po==10)
{
        po=0;
}
```

프로그램 동작은 4개의 7-세그먼트가 똑같이 0에서 시작하여 1씩 증가하는 것으로 디스플레이된다.

(3) 7-세그먼트 모듈 구동하기-업 카운터

이제 7-세그먼트 각각에 다른 숫자를 디스플레이 해보자. 다음과 같은 프로그램을 작성하여 다운로드하고 그 동작을 확인한다.

```
int tr[4]={A0, A1, A2, A3};              // 실렉트 신호, 트랜지스터 핀
int fnd[8]={2, 3, 4, 5, 6, 7, 8, 9};     // 7-세그먼트 데이터 신호 할당 핀

// 7-세그먼트 데이터를 배열로 지정한다.
byte fnd_val[10][7] =
{
        { 0,0,0,0,0,0,1 },
        { 1,0,0,1,1,1,1 },
        { 0,0,1,0,0,1,0 },
        { 0,0,0,0,1,1,0 },
        { 1,0,0,1,1,0,0 },
        { 0,1,0,0,1,0,0 },
        { 0,1,0,0,0,0,0 },
        { 0,0,0,1,1,1,1 },
        { 0,0,0,0,0,0,0 },
        { 0,0,0,1,1,0,0 } };

int po0=0, po1=0, po2=0, po3=0, cnt=0;    // 일, 십, 백, 천의 자리 7-세그먼트 정의

void setup()
{
        // 트랜지스터 실렉트 핀 출력 설정
        for(int i=0; i<4; i++)
```

```
        {
                pinMode(tr[i], OUTPUT);
        }

        // 7-세그먼트 핀 출력 설정
        for(int j=0; j<8; j++)
        {
                pinMode(fnd[j], OUTPUT);
        }

        digitalWrite(9, HIGH);                              // DP는 꺼진 상태로 둔다.
}

void loop()
{
        digitalWrite(tr[0], HIGH);                          // 0번 트랜지스터 실렉트
        digitalWrite(tr[1], LOW);                           // 1번 트랜지스터 OFF
        digitalWrite(tr[2], LOW);                           // 2번 트랜지스터 OFF
        digitalWrite(tr[3], LOW);                           // 3번 트랜지스터 OFF
        for(int pinout=0; pinout<7; pinout++)
        {
                digitalWrite(fnd[pinout], fnd_val[po3][pinout]);    // 7-세그먼트 출력
        }
        delay(5);

        digitalWrite(tr[0], LOW);                           // 0번 트랜지스터 OFF
        digitalWrite(tr[1], HIGH);                          // 1번 트랜지스터 실렉트
        digitalWrite(tr[2], LOW);                           // 2번 트랜지스터 OFF
        digitalWrite(tr[3], LOW);                           // 3번 트랜지스터 OFF
        for(int pinout=0; pinout<7; pinout++)
        {
                digitalWrite(fnd[pinout], fnd_val[po2][pinout]);    // 7-세그먼트 출력
        }
        delay(5);

        digitalWrite(tr[0], LOW);                           // 0번 트랜지스터 OFF
        digitalWrite(tr[1], LOW);                           // 1번 트랜지스터 OFF
        digitalWrite(tr[2], HIGH);                          // 2번 트랜지스터 실렉트
        digitalWrite(tr[3], LOW);                           // 3번 트랜지스터 OFF
        for(int pinout=0; pinout<7; pinout++)
        {
```

```
        digitalWrite(fnd[pinout], fnd_val[po1][pinout]);      // 7-세그먼트 출력
}
delay(5);


digitalWrite(tr[0], LOW);                    // 0번 트랜지스터 OFF
digitalWrite(tr[1], LOW);                    // 1번 트랜지스터 OFF
digitalWrite(tr[2], LOW);                    // 2번 트랜지스터 OFF
digitalWrite(tr[3], HIGH);                   // 3번 트랜지스터 실렉트
for(int pinout=0; pinout<7; pinout++)
{
        digitalWrite(fnd[pinout], fnd_val[po0][pinout]);      // 7-세그먼트 출력
}
delay(5);


cnt++;                                       // 카운터 숫자를 증가시킨다,

if(cnt==10)
{
    cnt=0;
    po0++;                                   // 일의 자리 숫자를 증가시킨다.
}


if(po0==10)
{
    po0=0;                                   // 일의 자리 숫자를 초기화한다.
    po1++;                                   // 십의 자리 숫자를 증가시킨다.
}


if(po1==10)
{
    po1=0;                                   // 십의 자리 숫자를 초기화한다.
    po2++;                                   // 백의 자리 숫자를 증가시킨다.
}


if(po2==10)
{
    po2=0;                                   // 백의 자리 숫자를 초기화한다.
    po3++;                                   // 천의 자리 숫자를 증가시킨다.
}
```

```
        if(po3==10)
        {
                po3=0;                                        // 천의 자리 숫자를 초기화한다.
        }
}
```

루프 함수를 살펴보자. 4개의 트랜지스터 중 순차적으로 한 번에 한 개의 트랜지스터만 실렉트 신호를 내보내고 있다. 또한 잔상효과를 위해 시간 지연을 5ms만큼 두어 4개의 7-세그먼트가 동시에 디스플레이되는 효과를 나타낸다.

```
digitalWrite(tr[0], HIGH);                                // 0번 트랜지스터 실렉트
digitalWrite(tr[1], LOW);                                 // 1번 트랜지스터 OFF
digitalWrite(tr[2], LOW);                                 // 2번 트랜지스터 OFF
digitalWrite(tr[3], LOW);                                 // 3번 트랜지스터 OFF
for(int pinout=0; pinout<7; pinout++)
{
        digitalWrite(fnd[pinout], fnd_val[po3][pinout]);     // 7-세그먼트 출력
}
delay(5);
```

프로그램 구동으로 결과되는 동작은 7-세그먼트 모듈이 "0000"이 디스플레이되는 것을 시작으로 "9999" 까지 디스플레이되고, 다시 "0000" 으로 초기화되어 반복적으로 구동된다.

(4) 7-세그먼트 모듈 구동하기-다운 카운터

7-세그먼트 각각에 다른 숫자를 디스플레이 해보자. 7-세그먼트에 표시되는 숫자가 1씩 감소되도록 프로그램을 변경시켜 본다. 다음과 같은 프로그램을 작성하여 다운로드하고 그 동작을 확인해보자.

```
int tr[4]={A0, A1, A2, A3};                               // 실렉트 신호, 트랜지스터 핀
int fnd[8]={2, 3, 4, 5, 6, 7, 8, 9};                      // 7-세그먼트 데이터 신호 할당 핀

// 7-세그먼트 데이터를 배열로 지정한다.
byte fnd_val[10][7] =
{
        { 0,0,0,0,0,0,1 },
        { 1,0,0,1,1,1,1 },
        { 0,0,1,0,0,1,0 },
        { 0,0,0,0,1,1,0 },
```

```
        { 1,0,0,1,1,0,0 },
        { 0,1,0,0,1,0,0 },
        { 0,1,0,0,0,0,0 },
        { 0,0,0,1,1,1,1 },
        { 0,0,0,0,0,0,0 },
        { 0,0,0,1,1,0,0 } };

int po0=9, po1=9, po2=9, po3=9, cnt=9;          // 일, 십, 백, 천의 자리 7-세그먼트 정의

void setup()
{
    for(int i=0; i<4; i++)
    {
        pinMode(tr[i], OUTPUT);                 // 트랜지스터 실렉트 핀 출력 설정
    }

    for(int j=0; j<8; j++)
    {
        pinMode(fnd[j], OUTPUT);                // 7-세그먼트 핀 출력 설정
    }

    digitalWrite(9, HIGH);                      // DP는 꺼진 상태로 둔다.
}

void loop()
{
    digitalWrite(tr[0], HIGH);                          // 0번 트랜지스터 실렉트
    digitalWrite(tr[1], LOW);                           // 1번 트랜지스터 OFF
    digitalWrite(tr[2], LOW);                           // 2번 트랜지스터 OFF
    digitalWrite(tr[3], LOW);                           // 3번 트랜지스터 OFF
    for(int pinout=0; pinout<7; pinout++)
    {
        digitalWrite(fnd[pinout], fnd_val[po3][pinout]);   // 7-세그먼트 출력
    }
    delay(5);

    digitalWrite(tr[0], LOW);                           // 0번 트랜지스터 OFF
    digitalWrite(tr[1], HIGH);                          // 1번 트랜지스터 실렉트
    digitalWrite(tr[2], LOW);                           // 2번 트랜지스터 OFF
    digitalWrite(tr[3], LOW);                           // 3번 트랜지스터 OFF
    for(int pinout=0; pinout<7; pinout++)
```

```
{
        digitalWrite(fnd[pinout], fnd_val[po2][pinout]);      // 7-세그먼트 출력
}
delay(5);

digitalWrite(tr[0], LOW);                      // 0번 트랜지스터 OFF
digitalWrite(tr[1], LOW);                      // 1번 트랜지스터 OFF
digitalWrite(tr[2], HIGH);                     // 2번 트랜지스터 실렉트
digitalWrite(tr[3], LOW);                      // 3번 트랜지스터 OFF
for(int pinout=0; pinout<7; pinout++)
{
        digitalWrite(fnd[pinout], fnd_val[po1][pinout]);      // 7-세그먼트 출력
}
delay(5);

digitalWrite(tr[0], LOW);                      // 0번 트랜지스터 OFF
digitalWrite(tr[1], LOW);                      // 1번 트랜지스터 OFF
digitalWrite(tr[2], LOW);                      // 2번 트랜지스터 OFF
digitalWrite(tr[3], HIGH);                     // 3번 트랜지스터 실렉트
for(int pinout=0; pinout<7; pinout++)
{
        digitalWrite(fnd[pinout], fnd_val[po0][pinout]);      // 7-세그먼트 출력
}
delay(5);

cnt++;                                         // 카운터 숫자를 증가시킨다,

// 초기값은 9999부터 시작한다.
if(cnt==10)
{
    cnt=0;
    po0--;                                     // 일의 자리 숫자를 감소시킨다.
}

if(po0<0)
{
    po0=9;                                     // 일의 자리 숫자를 9로 초기화한다.
    po1--;                                     // 십의 자리 숫자를 감소시킨다.
}

if(po1<0)
```

```
      {
            po1=9;                        // 십의 자리 숫자를 9로 초기화한다.
            po2--;                        // 백의 자리 숫자를 감소시킨다.
      }

      if(po2<0)
      {
            po2=9;                        // 백의 자리 숫자를 9로 초기화한다.
            po3--;                        // 천의 자리 숫자를 감소시킨다.

      }

      if(po3<0)
      {
            po3=9;                        // 천의 자리 숫자를 9로 초기화한다.
      }
}
```

숫자가 감소하는 것을 프로그램하기 위해 반복문을 사용하여 숫자가 감소하여 0이 되면 다시 9로 초기화되도록 구현하였다.

```
      if(po0==0)
      {
            po0=9;                        // 일의 자리 숫자를 9로 초기화한다.
            po1--;                        // 십의 자리 숫자를 감소시킨다.
      }
```

프로그램이 동작하여 7-세그먼트 모듈이 "9999"가 디스플레이되는 것을 시작으로 "0000" 까지 디스플레이되고, 다시 "9999" 으로 초기화되어 반복적으로 구동된다.

(5) 푸시버튼 스위치 입력으로 업 카운터 구동하기

7-세그먼트 각각에 다른 숫자를 디스플레이 해보자. 다음과 같은 프로그램을 작성하여 다운로드 하고 그 동작을 확인해보자.

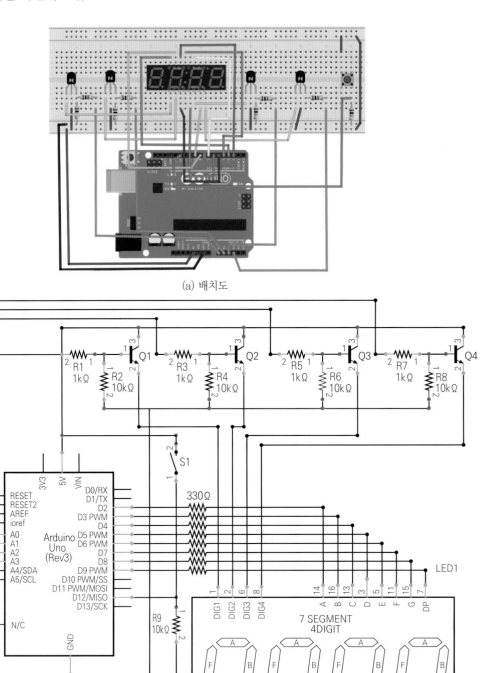

(a) 배치도

(b) 회로도

그림 5-8 푸시버튼 스위치 입력에 의한 7-세그먼트 모듈 구동회로

```
#define PUSH_BUTTON  12                          // 푸시버튼 스위치 핀 번호를 정의한다.

int tr[4]={A0, A1, A2, A3};                      // 실렉트 신호, 트랜지스터 핀
int fnd[8]={2, 3, 4, 5, 6, 7, 8, 9};             // 7-세그먼트 데이터 신호 할당 핀

// 7-세그먼트 데이터를 배열로 지정한다.
byte fnd_val[10][7] =
{
      { 0,0,0,0,0,0,1 },
      { 1,0,0,1,1,1,1 },
      { 0,0,1,0,0,1,0 },
      { 0,0,0,0,1,1,0 },
      { 1,0,0,1,1,0,0 },
      { 0,1,0,0,1,0,0 },
      { 0,1,0,0,0,0,0 },
      { 0,0,0,1,1,1,1 },
      { 0,0,0,0,0,0,0 },
      { 0,0,0,1,1,0,0 } };

int po0=0, po1=0, po2=0, po3=0;                   // 일, 십, 백, 천의 자리 7-세그먼트 정의

void setup()
{
      pinMode(PUSH_BUTTON, INPUT);                // 푸시버튼이 연결된 핀을 입력으로 설정

      for(int i=0; i<4; i++)
      {
           pinMode(tr[i], OUTPUT);                // 트랜지스터 실렉트 핀 출력 설정
      }

      for(int j=0; j<8; j++)
      {
           pinMode(fnd[j], OUTPUT);               // 7-세그먼트 핀 출력 설정
      }

      digitalWrite(9, HIGH);                      // DP는 꺼진 상태로 둔다.
}

void loop()
{
      digitalWrite(tr[0], HIGH);                  // 0번 트랜지스터 실렉트
```

```
digitalWrite(tr[1], LOW);                                  // 1번 트랜지스터 OFF
digitalWrite(tr[2], LOW);                                  // 2번 트랜지스터 OFF
digitalWrite(tr[3], LOW);                                  // 3번 트랜지스터 OFF
for(int pinout=0; pinout<7; pinout++)
{
        digitalWrite(fnd[pinout], fnd_val[po3][pinout]);    // 7-세그먼트 출력
}
delay(5);

digitalWrite(tr[0], LOW);                                  // 0번 트랜지스터 OFF
digitalWrite(tr[1], HIGH);                                 // 1번 트랜지스터 실렉트
digitalWrite(tr[2], LOW);                                  // 2번 트랜지스터 OFF
digitalWrite(tr[3], LOW);                                  // 3번 트랜지스터 OFF
for(int pinout=0; pinout<7; pinout++)
{
        digitalWrite(fnd[pinout], fnd_val[po2][pinout]);    // 7-세그먼트 출력
}
delay(5);

digitalWrite(tr[0], LOW);                                  // 0번 트랜지스터 OFF
digitalWrite(tr[1], LOW);                                  // 1번 트랜지스터 OFF
digitalWrite(tr[2], HIGH);                                 // 2번 트랜지스터 실렉트
digitalWrite(tr[3], LOW);                                  // 3번 트랜지스터 OFF
for(int pinout=0; pinout<7; pinout++)
{
        digitalWrite(fnd[pinout], fnd_val[po1][pinout]);    // 7-세그먼트 출력
}
delay(5);

digitalWrite(tr[0], LOW);                                  // 0번 트랜지스터 OFF
digitalWrite(tr[1], LOW);                                  // 1번 트랜지스터 OFF
digitalWrite(tr[2], LOW);                                  // 2번 트랜지스터 OFF
digitalWrite(tr[3], HIGH);                                 // 3번 트랜지스터 실렉트
for(int pinout=0; pinout<7; pinout++)
{
        digitalWrite(fnd[pinout], fnd_val[po0][pinout]);    // 7-세그먼트 출력
}
delay(5);

// 푸시버튼 상태가 HIGH인지 확인한다.
if (digitalRead(PUSH_BUTTON) == HIGH)
```

```
        {
                po0++;                                    // 일의 자리 숫자를 증가시킨다.
        }

        if(po0==10)
        {
                po0=0;                                    // 일의 자리 숫자를 초기화한다.
                po1++;                                    // 십의 자리 숫자를 증가시킨다.
        }

        if(po1==10) {
                po1=0;                                    // 십의 자리 숫자를 초기화한다.
                po2++;                                    // 백의 자리 숫자를 증가시킨다.
        }

        if(po2==10)
        {
                po2=0;                                    // 백의 자리 숫자를 초기화한다.
                po3++;                                    // 천의 자리 숫자를 증가시킨다.

        }

        if(po3==10)
        {
                po3=0;                                    // 천의 자리 숫자를 초기화한다.
        }
}
```

루프 함수에서 스위치의 입력을 받아들이는 부분을 생각해본다.

```
    if (digitalRead(PUSH_BUTTON) == HIGH)
```

　　LED에서 보았던 것처럼 푸시버튼 스위치가 눌러졌을 때 5V가 인가되어 HIGH로 인식되면 7-세그먼트 모듈의 숫자를 1씩 증가되도록 한다.

(6) 디바운스를 사용한 푸시버튼 스위치 입력에 따른 업 카운터 구동하기

푸시버튼 스위치를 눌렀을 때 여러 번의 입력이 인가되는 것을 막기 위한 코드를 추가해보자. 입력의 디바운스를 하기 위해 프로그램을 다음과 같이 변경한다.

```
#define PUSH_BUTTON  12                        // 푸시버튼 스위치 핀 지정

boolean Prev_Button, Cur_Button;               // 이전 버튼 값, 현재 버튼 값 변수 지정

int tr[4]={A0, A1, A2, A3};                    // 실렉트 신호, 트랜지스터 핀
int fnd[8]={2, 3, 4, 5, 6, 7, 8, 9};           // 7-세그먼트 데이터 신호 할당 핀

// 7-세그먼트 데이터를 배열로 지정한다.
byte fnd_val[10][7] =
{
     { 0,0,0,0,0,0,1 },
     { 1,0,0,1,1,1,1 },
     { 0,0,1,0,0,1,0 },
     { 0,0,0,0,1,1,0 },
     { 1,0,0,1,1,0,0 },
     { 0,1,0,0,1,0,0 },
     { 0,1,0,0,0,0,0 },
     { 0,0,0,1,1,1,1 },
     { 0,0,0,0,0,0,0 },
     { 0,0,0,1,1,0,0 } };

int po0=0, po1=0, po2=0, po3=0;                 // 일, 십, 백, 천의 자리 7-세그먼트 정의

void setup()
{
     Serial.begin(9600);                        // 시리얼 포트를 초기화한다. 전송 속도는 9600bps

     pinMode(PUSH_BUTTON, INPUT);               // 푸시버튼이 연결된 핀을 입력으로 설정
     Prev_Button = 0;                           // 이전 푸시버튼 스위치 상태 값 지정
     Cur_Button = 0;                            // 현재 푸시버튼 스위치 상태 값 지정

     for(int i=0; i<4; i++)
     {
          pinMode(tr[i], OUTPUT);               // 트랜지스터 실렉트 핀 출력 설정
     }

     for(int j=0; j<8; j++)
```

```
    {
        pinMode(fnd[j], OUTPUT);                 // 7-세그먼트 핀 출력 설정
    }

    digitalWrite(9, HIGH);                        // DP는 꺼진 상태로 둔다.
}

void loop()
{
    digitalWrite(tr[0], HIGH);                     // 0번 트랜지스터 실렉트
    digitalWrite(tr[1], LOW);                      // 1번 트랜지스터 OFF
    digitalWrite(tr[2], LOW);                      // 2번 트랜지스터 OFF
    digitalWrite(tr[3], LOW);                      // 3번 트랜지스터 OFF
    for(int pinout=0; pinout<7; pinout++)
    {
        digitalWrite(fnd[pinout], fnd_val[po3][pinout]);    // 7-세그먼트 출력
    }
    delay(5);

    digitalWrite(tr[0], LOW);                      // 0번 트랜지스터 OFF
    digitalWrite(tr[1], HIGH);                     // 1번 트랜지스터 실렉트
    digitalWrite(tr[2], LOW);                      // 2번 트랜지스터 OFF
    digitalWrite(tr[3], LOW);                      // 3번 트랜지스터 OFF
    for(int pinout=0; pinout<7; pinout++)
    {
        digitalWrite(fnd[pinout], fnd_val[po2][pinout]);    // 7-세그먼트 출력
    }
    delay(5);

    digitalWrite(tr[0], LOW);                      // 0번 트랜지스터 OFF
    digitalWrite(tr[1], LOW);                      // 1번 트랜지스터 OFF
    digitalWrite(tr[2], HIGH);                     // 2번 트랜지스터 실렉트
    digitalWrite(tr[3], LOW);                      // 3번 트랜지스터 OFF
    for(int pinout=0; pinout<7; pinout++)
    {
        digitalWrite(fnd[pinout], fnd_val[po1][pinout]);    // 7-세그먼트 출력
    }
    delay(5);

    digitalWrite(tr[0], LOW);                      // 0번 트랜지스터 OFF
    digitalWrite(tr[1], LOW);                      // 1번 트랜지스터 OFF
```

```
digitalWrite(tr[2], LOW);                          // 2번 트랜지스터 OFF
digitalWrite(tr[3], HIGH);                          // 3번 트랜지스터 실렉트
for(int pinout=0; pinout<7; pinout++)
{
        digitalWrite(fnd[pinout], fnd_val[po0][pinout]);     // 7-세그먼트 출력
}
delay(5);

Cur_Button = digitalRead(PUSH_BUTTON);    // 버튼 상태를 읽어 현재 버튼 값에 넣기

// 현재 상태가 이전 상태와 다른지 확인한다.
if (Cur_Button != Prev_Button)
{
        Prev_Button = Cur_Button;                // 버튼 상태 값을 업데이트한다.

        if (Cur_Button == HIGH)                  // 버튼이 눌러진 상태이면
        {
                Serial.println( "Button is ON" );  // 버튼 값을 시리얼 모니터로 출력한다.
                po0++;                            // 일의 자리 숫자를 증가시킨다.
        }
        else
        {
                Serial.println( "Button is OFF" ); // 버튼 값을 시리얼 모니터로 출력한다.
        }

        // 디바운스를 위해 시간 지연한다.
        delay(50);
}

if(po0==10)                                      // 일의 자리 숫자가 10인지 확인
{
    po0=0;                                       // 일의 자리 숫자를 초기화한다.
    po1++;                                       // 십의 자리 숫자를 증가시킨다.
}

if(po1==10)                                      // 십의 자리 숫자가 10인지 확인
{
    po1=0;                                       // 십의 자리 숫자를 초기화한다.
    po2++;                                       // 백의 자리 숫자를 증가시킨다.
}
```

```
    if(po2==10)                         // 백의 자리 숫자가 10인지 확인
    {
        po2=0;                          // 백의 자리 숫자를 초기화한다.
        po3++;                          // 천의 자리 숫자를 증가시킨다.

    }

    if(po3==10)                         // 천의 자리 숫자가 10인지 확인
    {
        po3=0;                          // 천의 자리 숫자를 초기화한다.
    }
}
```

루프 함수에서 이전 푸시버튼 스위치의 상태 값과 현재의 상태 값을 비교하여 입력이 인가되어졌다는 것을 인식한다. 입력이 인가되면 소프트웨어적으로 디바운스를 해주기 위해 일정 시간 지연을 둔다.

```
    // 현재 상태가 이전 상태와 다른지 확인한다.
    if (Cur_Button != Prev_Button)
    {
        Prev_Button = Cur_Button         // 버튼 상태 값을 업데이트한다.
    }
    ......
    delay(50);
```

푸시버튼 스위치의 입력에 따라 7-세그먼트 모듈이 디스플레이되는 것을 확인한다.

멜로디 구동회로

6-1 피에조 스피커 특성

버저는 전자석 근처에 철편을 두어 구성한다. 전자석에 전류를 흘리게 되면 전자석이 철편을 잡아당겨 붙게 되면서 소리가 발생한다. 전류가 흘러 철편을 붙였다 떼었다 하는 동작을 1초에 몇 번이나 수행하는가에 따라서 소리의 높낮이가 발생한다. 빠른 속도로 붙였다 떼었다 하면 높은 주파수의 소리가 발생하고, 속도를 느리게 하면 낮은 주파수의 소리가 발생한다.

그림 6-1과 같은 피에조 스피커를 사용하여 소리를 발생시켜 본다. 피에조 스피커는 압전현상을 이용하는 것이다. 석영이나 세라믹 같은 물질에 전압을 인가하면 물체의 늘어짐과 수축이 발생한다. 이를 이용하여 공기를 진동시키면 소리를 낼 수 있다.

그림 6-1 피에조 스피커

6-2 삐 소리 발생하기

아두이노는 디지털 출력을 내보내기 때문에 아날로그 출력을 만드는 것은 불가능하다. D/A 변환기(DAC : Digital to Analog Converter)를 내장하고 있는 아두이노 두에(Due)를 제외한 다른 아두이노는 오직 구형파 형태만 발생할 수 있다. 하지만 펄스폭 변조(PWM : Pulse Width Modulation) 방식을 통해 아날로그 신호와 유사한 출력을 구현할 수 있다.

다음 그림과 같이 하드웨어를 구성한다. 피에조 스피커는 PWM이 가능한 핀에 연결하여야 한다. 아두이노에서 PWM이 가능한 핀은 물결 모양(~)이 핀 번호에 표시되어 있다.

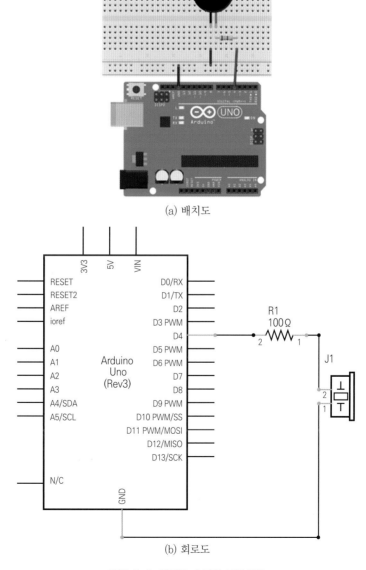

(a) 배치도

(b) 회로도

그림 6-2 피에조 스피커 구동회로

피에조 스피커로 4000Hz의 삐~소리를 발생시켜 보기로 한다. 다음과 같은 프로그램을 스케치에 입력하고 그 동작을 확인해본다.

```
int speakerOut = 4;                          //  스피커 출력 핀을 지정한다.

void setup()
{
    pinMode(speakerOut, OUTPUT);             // 스피커를 출력으로 지정한다.
}

void loop()
{
    tone(speakerOut, 4000, 3000);
    delay(3000);
    while(1);
}
```

아두이노에서는 대부분의 기능이 거의 다 라이브러리로 구성되어 있다는 편리함을 갖는다. 피에조 스피커에 연관되어 tone( )이라는 함수를 제공한다.

참고 **tone( ) 함수**

문법
tone(pin, frequency, duration)
  – pin : tone을 발생시킬 핀
  – frequency : tone의 주파수 (Hz 단위)
  – duration (옵션) : tone의 지속 시간 (ms 단위)

해당 핀(pin)으로 일정한 주파수(frequency)를 갖는 파형을 ms 단위의 지속 시간(duration)만큼 발생시킨다. 지속시간의 인수가 없는 경우에는 noTone()이라는 함수가 호출하기 전까지 소리 출력을 계속한다.

루프 함수에서 while(1) 문을 사용하여 계속 대기 상태로 있으므로, 프로그램을 다시 실행시키기 위해서는 리셋 버튼을 눌러야 한다.

6-3   음계 연주하기

연주를 하기 위해서 음계에 대해 알아보도록 하자. 음계는 음악에 쓰이는 음을 높이의 차례대로 배열한 음의 층계라고 정의되고 있다. 흔히 말하는 도, 레 ,미, 파, 솔, 라, 시, 도를 말한다. 기본적인 음의 주파수는 세계적으로 이미 표준 주파수가 정해져 있다. 6번째 옥타브의 주파수는 다음 표와 같다.

표 6-1 음계의 주파수

음계	도	레	미	파	솔	라	시	도
주파수	1046.6	1174.6	1318.6	1397.0	1568.0	1760.0	1975.6	2093.2

아래쪽의 도와 위쪽의 도 사이에는 주파수가 2배 정도의 차이가 있다. 우리가 플레이하고자 하는 음악의 음계를 알고 있다면, 해당되는 주파수를 알 수 있고, 해당 주파수를 알 수 있다면 tone( ) 함수를 사용하여 음의 길이만큼만 실행하면 원하는 노래를 연주할 수 있을 것이다.

음계에 대해서는 아두이노 홈페에지에서 pitch.h라는 라이브러리를 제공한다. 이 라이브러리에 각 음계에 해당하는 주파수가 모두 정의되어 있다.

https://www.arduino.cc/en/Tutorial/toneMelody에서 해당 코드를 복사하여 다음 그림과 같이 스케치북 디렉터리 아래 libraries 폴더에 pitches라는 이름의 폴더를 새로 만들고 pitches.h라는 파일 이름으로 저장한다.

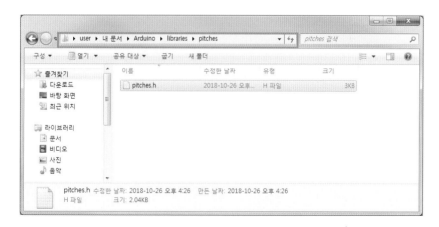

그림 6-3 piteches.h 파일 생성

다음 프로그램 코드는 pitches.h의 내용이다. 코드를 복사하여 붙여넣기한 후 저장하여도 무방하다.

```
/*************************************************
 * Public Constants
 *************************************************/

#define NOTE_B0   31
#define NOTE_C1   33
#define NOTE_CS1  35
#define NOTE_D1   37
#define NOTE_DS1  39
#define NOTE_E1   41
#define NOTE_F1   44
#define NOTE_FS1  46
#define NOTE_G1   49
#define NOTE_GS1  52
#define NOTE_A1   55
#define NOTE_AS1  58
#define NOTE_B1   62
    ... 중략 ...
#define NOTE_C3   131
#define NOTE_CS3  139
#define NOTE_D3   147
#define NOTE_DS3  156
#define NOTE_E3   165
#define NOTE_F3   175
#define NOTE_FS3  185
#define NOTE_G3   196
#define NOTE_GS3  208
#define NOTE_A3   220
#define NOTE_AS3  233
#define NOTE_B3   247
    ... 중략 ...
#define NOTE_C6   1047
#define NOTE_CS6  1109
#define NOTE_D6   1175
#define NOTE_DS6  1245
#define NOTE_E6   1319
#define NOTE_F6   1397
#define NOTE_FS6  1480
#define NOTE_G6   1568
#define NOTE_GS6  1661
#define NOTE_A6   1760
```

```
#define NOTE_AS6 1865
#define NOTE_B6   1976
... 중략 ...
#define NOTE_C8   4186
#define NOTE_CS8 4435
#define NOTE_D8   4699
#define NOTE_DS8 4978
```

복사가 완료되면 아두이노 프로그램 메뉴에서 스케치 → 라이브러리 포함하기 → pitches를 선택한다. 만약 pitches 항목이 보이지 않는다면 아두이노 프로그램을 종료한 후 다시 실행하면 해당 파일을 볼 수 있다.

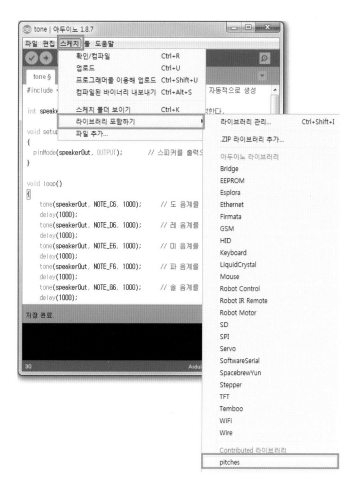

그림 6-4 piteches 라이브러리 포함하기

이제 다음과 같은 프로그램을 스케치에 입력하고 동작을 확인해보도록 한다. 표 6-1에 정의된 기본 음계를 플레이하여 보자.

```
#include <pitches.h>                              //piteches 라이브러리 포함하면 자동적으로 생성

int speakerOut = 4;                               //   스피커 출력 핀을 지정한다.

void setup()
{
    pinMode(speakerOut, OUTPUT);                  // 스피커를 출력으로 지정한다.
}

void loop()
{
    tone(speakerOut, NOTE_C6, 1000);             // 도 음계를 출력한다.
    delay(1000);
    tone(speakerOut, NOTE_D6, 1000);             // 레 음계를 출력한다.
    delay(1000);
    tone(speakerOut, NOTE_E6, 1000);             // 미 음계를 출력한다.
    delay(1000);
    tone(speakerOut, NOTE_F6, 1000);             // 파 음계를 출력한다.
    delay(1000);
    tone(speakerOut, NOTE_G6, 1000);             // 솔 음계를 출력한다.
    delay(1000);
        tone(speakerOut, NOTE_A6, 1000);         // 라 음계를 출력한다.
    delay(1000);
        tone(speakerOut, NOTE_B6, 1000);         // 시 음계를 출력한다.
    delay(1000);
        tone(speakerOut, NOTE_C7, 1000);         // 도 음계를 출력한다.
    delay(1000);

    while(1);                                     // 무한 대기
}
```

6-4 음악 연주하기

다음은 학교종 악보이다.

그림 6-5 학교종 악보

다음의 프로그램을 아두이노에 입력하고, 음악이 재생되는 것을 확인해본다.

```
#include <pitches.h>

int speakerOut = 4;                              //  스피커 출력 핀을 지정한다.

int song[28] = {
     NOTE_G4, NOTE_G4, NOTE_A4, NOTE_A4, NOTE_G4, NOTE_G4, NOTE_E4, 0,
     NOTE_G4, NOTE_G4, NOTE_E4, NOTE_E4, NOTE_D4, 0,
     NOTE_G4, NOTE_G4, NOTE_A4, NOTE_A4, NOTE_G4, NOTE_G4, NOTE_E4, 0,
     NOTE_G4, NOTE_E4, NOTE_D4, NOTE_E4, NOTE_C4, 0,
};

void setup()
{
     pinMode(speakerOut, OUTPUT);                // 스피커를 출력으로 지정한다.
}

void loop()
{
     for(int i=0; i<28; i++)
     {
          tone(speakerOut, song[i], 500);        // 음악을 출력한다.
          delay(500);
     }
     while(1);                                   // 무한 대기한다.
}
```

2분음표 및 점2분음표 처리 방법

2분음표(2박자), 점2분음표(3박자)는 해당 주파수와 0으로 처리한다.
즉, 땡(2분음표)인 경우 {생략, NOTE_E4, 0, 생략}

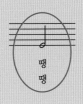

기보	명칭	박자
♩.	점2분음표	3박자
♩	2분음표	2박자
♩	4분음표	1박자

다음은 wild rumps라는 팝송의 도입 부분이다. 프로그램을 아두이노에 입력하고, 음악이 재생되는 것을 확인해본다.

```
//      코드별 PWM의 주파수를 정의한다.
#define    NOTE_c    3830              // 261 Hz
#define    NOTE_d    3400              // 294 Hz
#define    NOTE_e    3038              // 329 Hz
#define    NOTE_f    2864              // 349 Hz
#define    NOTE_g    2550              // 392 Hz
#define    NOTE_a    2272              // 440 Hz
#define    NOTE_b    2028              // 493 Hz
#define    NOTE_C    1912              // 523 Hz


#define NOTE_R 0                       // 리셋을 정의한다.

int speakerOut = 4;                    // 스피커 출력 핀을 지정한다.
int DEBUG = 1;                         // 디버깅을 위해 시리얼 모니터를 사용한다.

void setup() {
     pinMode(speakerOut, OUTPUT);      // 스피커를 출력으로 지정한다.
     if(DEBUG)
     {
          Serial.begin(9600);          // 디버깅을 위해 시리얼 모니터를 초기화한다.
     }
}

// 멜로디와 타이밍을 지정한다.
int melody[] = { NOTE_C, NOTE_b, NOTE_g, NOTE_C, NOTE_b, NOTE_e, NOTE_R, NOTE_C, NOTE_c,
```

```
NOTE_g, NOTE_a, NOTE_C };                              // 멜로디를 지정한다.
int beats[] = { 16, 16, 16, 8, 8, 16, 32, 16, 16, 16, 8, 8 };   // 비트를 지정한다.
int MAX_COUNT = sizeof(melody) / 2;                    // 멜로디 길이를 지정한다.


long tempo = 10000;                                    // 전체 템포를 지정한다.
int pause = 1000;                                      // 쉼표 길이를 지정한다.
int rest_count = 100;                                  // 쉼표를 카운트하기 위한 변수를 정의한다.


// 사용되는 변수들을 초기화한다.
int tone_value = 0;
int beat = 0;
long duration = 0;

void playTone() {
    long elapsed_time = 0;

    if (tone_value > 0)
    {
        while (elapsed_time < duration)
        {
                digitalWrite(speakerOut, HIGH);
                delayMicroseconds(tone_value / 2);

                // 스피커 출력
                digitalWrite(speakerOut, LOW);
                delayMicroseconds(tone_value / 2);

                // 펄스의 트랙을 유지하는 시간
                elapsed_time += (tone_value);
        }
    }
    else
    {
        for (int j = 0; j < rest_count; j++)
        {
                delayMicroseconds(duration);
        }
    }
}

// WILD RUMPUS를 출력한다.
```

```
void loop()
{
        // 멜로디와 비트에서 카운터 수를 계산한다.
        for (int i=0; i<MAX_COUNT; i++)
        {
                tone_value = melody[i];
                beat = beats[i];
                duration = beat * tempo;        // 타이밍을 셋업시킨다.

                playTone();
                delayMicroseconds(pause);        // 음표 사이의 휴지기

                // 시리얼 모니터에 번호, 비트, 톤, 간격을 표시한다.
                if(DEBUG)
                {
                        Serial.print(i);
                        Serial.print( ":" );
                        Serial.print(beat);
                        Serial.print( " " );
                        Serial.print(tone_value);
                        Serial.print( " " );
                        Serial.println(duration);
                }
        }
}
```

음악이 연주되는 것을 확인해보자. 시리얼 모니터를 열어 다음 그림과 같이 비트, 톤, 간격 등이 표시되는 것을 확인하도록 한다.

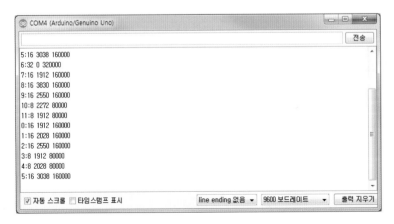

그림 6-6 시리얼 모니터 창

Chapter 7

LCD 디스플레이

ARDUINO

7-1 LCD의 특징

액정(liquid crystal)은 액체와 고체의 중간 형태로 만들어진 표시장치로 FND와 더불어 산업현장에서 많이 사용되는 부품 중의 하나이다. LCD를 이용한 표시장치는 문자를 표시할 수 있는 텍스트 LCD, 픽셀 단위의 정보를 표시할 수 있어 도형이나 이미지를 나타낼 수 있는 그래픽 LCD, 터치 패널이 포함되어 있어 터치 입력을 받아 동작시킬 수 있는 터치 LCD 등이 있다. 이러한 대부분의 LCD는 아두이노에서 사용 가능하다. 이러한 LCD의 외형은 다음 그림과 같다.

그림 7-1 LCD의 외형

LCD의 각 핀들의 이름은 표 7-1과 같다. LCD 액정 상단 커넥터 부분에 핀 번호가 적혀 있어 배선을 하는데 참고할 수 있다. 커넥터가 연결되는 상단 부분의 PCB에 핀 번호 1번 또는 16번이 표시되어 있다. 백라이트(bakc light)형인 경우에는 LCD 우측에 A(Anode) 와 K(Cathode)가 표시되어 있어 전원을 구분할 수 있다. 아두이노에서는 LCD를 쉽게 사용할 수 있도록 라이브러리를 제공하기 때문에 핀의 위치만 인지하고 있으면 쉽게 여러 분야에 적용가능하다.

LCD를 구성하는 처음 3개의 핀은 전원 관련선이며, 두 개의 +, − 전원선과 1개의 LCD의 선명도(contrast)를 제어하는 핀으로 구성되어 있다. 전원을 인가하고 프로그램을 다운로드하였는데 LCD에 텍스트가 표시되지 않는다면, 해결방법으로는 LCD의 3번 핀에 연결된 가변저항을 조절해보거나 아두이노의 리셋 버튼을 눌러 프로그램을 재실행시키는 방법이 있다.

다음은 3개의 제어 신호에 관련된 핀으로, RS(Register Select), R/W(Read/Write), E(Enable) 신호이다. 데이터 핀은 8개가 있지만 LCD는 4비트 모드와 8비트 모드로 동작할 수 있다. 핀의 개수가 제한적인 아두이노에서는 4비트 모드를 사용하는 것이 일반적이다.

아두이노에서는 텍스트 LCD를 사용하기 편리하도록 기본 라이브러리로 LiquidCrystal 라이브러리를 제공하고 있다. 실험에 사용된 텍스트 LCD는 한 줄에 16글자씩, 총 2줄을 표시할 수 있는 16×2 텍스트 LCD 이다.

표 7-1 LCD 핀 구성

핀 번호	심벌	설명	기능	
1	VSS	접지	0V (GND)	
2	VCC	전원	+5V	
3	VEE	LCD Contrast Adjustment	LCD의 선명도를 조절한다.	
4	RS (Register Select)	명령/데이터 레지스터 선택선	RS=0 : 명령 레지스터 RS=1 : 데이터 레지스터	
5	R/W (Read/Write)	읽기/쓰기 선택선	R/W=0 : 레지스터 쓰기 R/W=1 : 레지스터 읽기	
6	E (Enable)	인에이블 신호	LCD 인에이블 신호	
7	DB0	데이터 입출력 라인	8비트 데이터 전송 시 : DB0~DB7	4비트 데이터 전송 시 사용하지 않음
8	DB1			
9	DB2			
10	DB3			
11	DB4			4비트 데이터 전송 시 : DB4~DB7
12	DB5			
13	DB6			
14	DB7			
15	LED +	백 라이트용 전원 (+)	+5V	
16	LED −	백 라이트용 전원 (−)	0V	

7-2   hello, world 표시하기

다음과 같이 아두이노와 LCD를 연결한다.

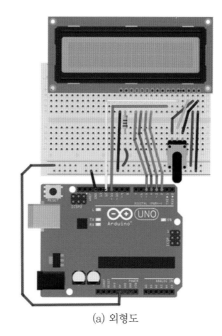

(a) 외형도

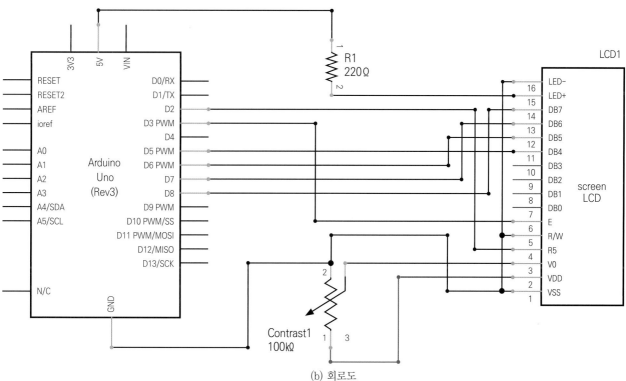

(b) 회로도

그림 7-2 LCD 디스플레이 회로

스케치에 프로그램을 입력한다. LCD를 사용하려면 LiquidCrystal 라이브러리라는 것을 등록해야 한다. 여기서 라이브러리란 특정 기능들을 하나로 묶어서 사용자가 편리하게 사용할 수 있도록 해놓은 것을 말한다. 메뉴에서 스케치 → 라이브러리 포함하기 → LiquidCrystal을 선택한다.

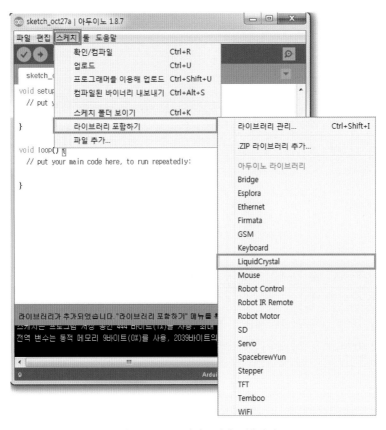

그림 7-3 LCD 라이브러리 포함하기

선택하면 텍스트 에디터 창에 다음 그림과 같이 라이브러리가 추가된다. 메뉴에서 선택하지 않고 직접 프로그램을 입력해도 무방하다.

그림 7-4 #include 〈LiquidCrystal.h〉

다음과 같은 프로그램을 입력한다. 프로그램의 동작은 거의 대부분의 프로그래밍에 관련된 교재 처음에 나오는 동작이다. LCD 창에 hello, world! 라고 표시를 하자.

```
#include <LiquidCrystal.h>                    // LCD 헤더 파일을 추가한다.

// RS, E, D4, D5, D6, D7 핀 배열을 정의한다.
LiquidCrystal lcd(2, 3, 5, 6, 7, 8);

void setup()
{
    lcd.begin(16, 2);                         // LCD는 16×2
    lcd.print( "hello, world!" );             // hello, world를 LCD에 표시한다.
}
void loop() { }
```

프로그램을 살펴본다. 프로그램 처음에는 헤더 파일이 제시된다. 여기서는 LCD 라이브러리를 사용한다는 것을 선언한다.

```
#include <LiquidCrystal.h>
```

다음으로 LCD 라이브러리의 변수를 초기화한다. RS, E, D4, D5, D6, D7 순으로 아두이노에 사용되는 핀들을 제시한다.

```
LiquidCrystal lcd(2, 3, 5, 6, 7, 8);
```

셋업 함수에서는 LCD의 크기를 16열 2행으로 설정한다. 그리고 LCD의 첫 번째줄에 "hello, world!라고 표시한다.

```
void setup()
{
    lcd.begin(16, 2);                         // LCD는 16×2
    lcd.print( "hello, world!" );             // hello, world를 LCD에 표시한다.
}
```

7-3 이름 표시하기

이제 프로그램을 변경하여 두 번째 줄에 자신의 이름을 영문으로 넣어 표시해보도록 한다. 해당 명령은 루프 함수에 넣어 처리하도록 한다.

```
#include <LiquidCrystal.h>              // LCD 헤더 파일을 추가한다.

//  RS, E, D4, D5, D6, D7 핀 배열을 정의한다.
LiquidCrystal lcd(2, 3, 5, 6, 7, 8);

void setup()
{
    lcd.begin(16, 2);                   // LCD는 16×2
    lcd.clear();                        // LCD를 클리어한다.
}

void loop()
{
    lcd.setCursor(0, 0);                // 텍스트가 위치할 커서의 위치를 설정한다. 0행 0열
    lcd.print( "My name is" );          // My name is를 LCD에 표시한다.
    lcd.setCursor(0, 1);                // 텍스트가 위치할 커서의 위치를 설정한다. 0행 1열
    lcd.print( "LIM HO" );              // 이름을 LCD에 표시한다.
    delay(200);                         // 시간 지연한다.
}
```

셋업 함수를 살펴본다.

```
void setup()
{
    lcd.begin(16, 2);                   // LCD는 16×2
    lcd.clear();                        // LCD를 클리어한다.
}
```

LCD에서는 문자나 기호를 표시할 때 이전에 표시했던 데이터 위에 곧바로 나타내기 때문에 곧바로 문자출력 명령을 사용하면 이전 내용과 중첩되어 나타날 수 있다. 따라서 lcd.clear( ) 함수를 사용하여 LCD 내용을 클리어하고 문자를 표시한다.

루프 함수를 살펴본다.

```
void loop()
{
    lcd.setCursor(0, 0);            // 텍스트가 위치할 커서의 위치를 설정한다. 0행 0열
    lcd.print( "My name is" );      // My name is를 LCD에 표시한다.
    lcd.setCursor(0, 1);            // 텍스트가 위치할 커서의 위치를 설정한다. 0행 1열
    lcd.print( "LIM HO" );          // 이름을 LCD에 표시한다.
    delay(200);                     // 시간 지연한다.
}
```

　루프 함수에서는 lcd.setCursor( ) 함수를 사용하여 커서의 위치를 지정하도록 하였다. 첫 번째 줄, 첫 번째 칸의 위치는 0행 0열이다. 마이크로프로세서에서는 숫자가 0부터 시작하는 것에 유의한다.

　lcd.setCursor(0, 1)명령을 사용하여 커서를 두 번째 열, 첫 번째 행으로 이동시킨다. 자신의 이름을 표시한다.

7-4 버튼 상태 표시하기

　푸시버튼을 연결하고, 푸시버튼의 상태 값을 읽어들여 그 값을 LCD에 표시해보도록 하자. 그림 7-5와 같이 푸시버튼을 아두이노에 연결한다.

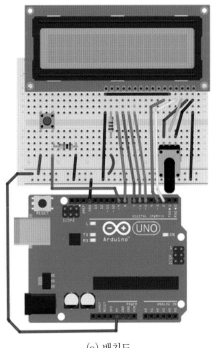

(a) 배치도

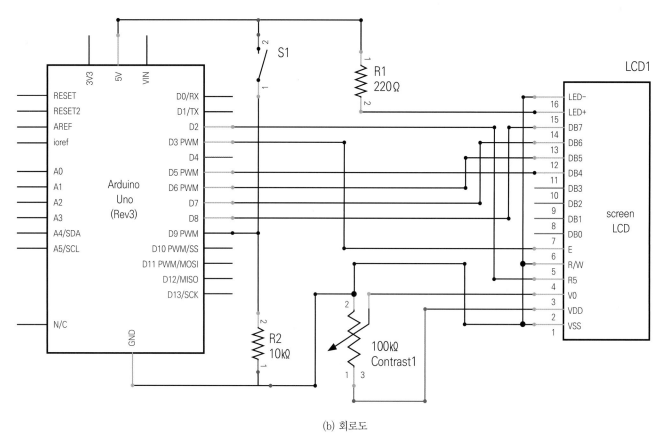

(b) 회로도

그림 7-5 푸시버튼 상태 표시회로

다음과 같은 프로그램을 스케치에 입력하고, 그 동작을 확인하도록 한다.

```
#include <LiquidCrystal.h>            // LCD 헤더 파일을 추가한다.

//  RS, E, D4, D5, D6, D7 핀 배열을 정의한다.
LiquidCrystal lcd(2, 3, 5, 6, 7, 8);

int button1 = 9;                      // pull-down 스위치 핀 번호 지정

void setup()
{
    lcd.begin(16, 2);                 // LCD는 16×2
    lcd.clear();                      // LCD에 표시된 내용을 지운다.
    lcd.print( "Button Input" );      // Button Input이란 제목을 LCD에 표시한다.
    pinMode(button1, INPUT);          // button1을 입력으로 설정한다.
    Serial.begin(9600);               // 9600bps로 통신을 초기화한다.
}
```

```
void loop()
{
    if(digitalRead(button1) == HIGH)            // 푸시버튼 스위치의 값을 읽어온다.
    {
            Serial.print( "HIGH" );             // 시리얼로 HIGH를 전송한다.


        // 텍스트가 위치할 커서의 위치를 설정한다. 0행 1열
        lcd.setCursor(0, 1);
        lcd.print( "SW #1 is ON " );            // SW ON을 LCD에 표시한다.
    }
    else
    {
            Serial.print( "LOW " );             // 시리얼로 LOW를 전송한다.


        // 텍스트가 위치할 커서의 위치를 설정한다. 0행 1열
        lcd.setCursor(0, 1);
        lcd.print( "SW #1 is OFF" );            // SW OFF를 LCD에 표시한다.
    }
    delay(200);
}
```

셋업 함수의 내용을 살펴보자.

```
    lcd.clear();                                // LCD에 표시된 내용을 지운다.
```

lcd.clear 함수는 LCD에 표시된 내용을 지우고, 커서의 위치를 (0, 0)에 위치시킨다.

7-5　시리얼 데이터 표시하기

　그림 7-2의 회로에 프로그램을 변경하여 동작을 수행하도록 한다. 시리얼 모니터로 메시지 데이터를 입력했을 때 해당 메시지를 LCD에 표시해보도록 하자. 시리얼 모니터를 열어 메시지를 입력하고 전송버튼을 눌러 아두이노로 전송을 실시한다. LCD에 해당 메시지가 출력되는 것을 확인한다. "−"를 입력하였을 때 LCD의 메시지가 지워지고 초기화되는 것을 확인한다. 시리얼 모니터 입력 부분과 LCD 출력 부분을 그림 7−6에 나타내었다.

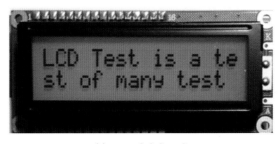

(a) 시리얼 모니터 데이터 입력 부분

(b) LCD 데이터 표시

그림 7-6 시리얼 데이터 표시

다음과 같은 프로그램을 스케치에 입력하고, 그 동작을 확인해보자.

```
#include <LiquidCrystal.h>                  // LCD 헤더 파일을 추가한다.

//  RS, E, D4, D5, D6, D7 핀 배열을 정의한다.
LiquidCrystal lcd(2, 3, 5, 6, 7, 8);

int pos = 0;                                // 문자의 위치 값을 정의한다.

void setup()
{
    lcd.begin(16, 2);                       // LCD는 16×2로 정의한다.
    Serial.begin(9600);                     // 시리얼 모니터를 시작한다.
}

void loop()
{
    // 시리얼 데이터가 남아있는 동안 while문을 수행한다.
    while (Serial.available() > 0)
    {
        char c = Serial.read();             // 시리얼 데이터를 읽어들인다.

    // 시리얼 모니터로 "-"가 입력되면 LCD를 클리어하고 커서 위치를 좌상단의 홈 위치로 이동시킨다.
        if(c == '-')
        {
```

```
            lcd.clear();              // LCD 클리어
            pos = 0;                  // 위치 값을 0으로 초기화한다.
            lcd.setCursor(0,0);       // 커서를 홈으로 이동
        }
        else
        {
            lcd.write(c);             // LCD에 시리얼 데이터를 표시한다.
            ++pos;                    // 위치 값을 하나 증가시킨다.

            // 첫 번째 줄에 16문자가 표시되면 남은 문자를 다음 줄로 넘긴다.
            if(pos == 16)
                lcd.setCursor(0,1);
        }
    }
}
```

7-6 LCD 데이터 스크롤하기(영문자 숫자)

텍스트 LCD에는 한 줄에 16글자만 표현할 수 있다. 하지만 실제 텍스트 LCD 버퍼에는 더 많은 내용을 저장할 수 있다. 다만 표시 영역을 벗어나 있어 LCD 창에 표시가 되지 않을 뿐이다. LCD 버퍼는 40글자를 저장할 수 있으며, 초기 값으로 0～15열까지만 화면에 표시된다.

LiquidCrystal 라이브러리 함수 중 scrollDisplayRight와 scrollDisplayLeft 함수는 LCD 표시 영역을 한 칸씩 좌우로 이동시키는 동작을 수행한다. 이러한 함수를 통해 전광판에서 사용하는 스크롤 효과를 구현할 수 있다. 그림 7-7과 같이 LCD에 표시되는 데이터가 좌우로 이동하게 된다.

그림 7-7 LCD 데이터 스크롤 결과

아두이노에 다음과 같은 프로그램을 입력한다.

```
#include <LiquidCrystal.h>                    // LCD 헤더 파일을 추가한다.

//  RS, E, D4, D5, D6, D7 핀 배열을 정의한다.
LiquidCrystal lcd(2, 3, 5, 6, 7, 8);

void setup()
{
      lcd.begin(16, 2);                       // LCD를 초기화한다.
      lcd.clear();                            // LCD 화면을 지운다.
      lcd.print( "Scroll Text" );             // Scroll Text를 LCD에 표시한다.

      // 텍스트가 위치할 커서의 위치를 설정한다. 0행 1열
      lcd.setCursor(0, 1);
      lcd.print( "0123456789" );              // 0~9를 LCD 2번째 줄에 표시한다.
}

void loop()
{
      for(int i=1; i<=10; i++)
      {
            lcd.scrollDisplayRight();         // 문자를 오른쪽으로 이동시킨다.
            delay(500);
      }

      for(int i=1; i<=10; i++)
      {
            lcd.scrollDisplayLeft();          // 문자를 오른쪽으로 이동시킨다.
            delay(500);
      }
}
```

루프 함수의 내용을 보자.

```
      for(int i=1; i<=10; i++)
      {
            lcd.scrollDisplayRight();         // 문자를 오른쪽으로 이동시킨다.
      }

      for(int i=1; i<=10; i++)
      {
            lcd.scrollDisplayLeft();          // 문자를 왼쪽으로 이동시킨다.
      }
```

반복문 for 문을 사용하여 lcd.scrollDisplayRight( ) 함수에 의해 문자를 오른쪽으로 10칸을 스크롤하여 LCD에 표시한다. 다음으로 lcd.scrollDisplayLeft( ) 함수에 의해 문자를 왼쪽으로 10칸을 스크롤하여 LCD에 표시한다.

7-7 LCD 데이터 스크롤하기(특수문자)

텍스트 LCD는 영문자나 숫자를 표시할 수 있다. 이러한 값 이외에도 여러 가지의 특수문자 등의 표현을 LCD에 표시할 경우가 발생할 수 있다. 이와 같은 특수문자를 사용자 정의문자라고 하며, 이러한 데이터를 표기하기 위해서는 LCD의 픽셀(pixel) 각각에 데이터를 지정해주어야 한다. 픽셀 데이터는 5×8 배열에 의해 문자를 표시한다.

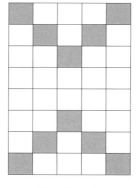

1	0	0	0	1
0	1	0	1	0
0	0	1	0	0
0	0	0	0	0
0	0	0	0	0
0	0	1	0	0
0	1	0	1	0
1	0	0	0	1

(a) LCD 표시　　　　　　(b) 픽셀 표시 데이터

그림 7-8 LCD 픽셀 데이터

각각의 픽셀에서 표시할 부분은 1로 지정하고, 표시하지 않을 부분은 0으로 지정한다. LCD에 표시되어지는 결과는 그림 7-9와 같다.

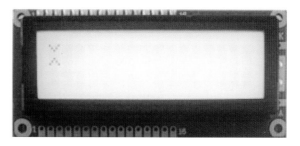

그림 7-9 특수문자 표시

다음과 같은 프로그램을 스케치에 입력하고, 아두이노에 다운로드하여 그 동작을 확인해 보도록 한다.

```
#include <LiquidCrystal.h>                    // LCD 헤더 파일을 추가한다.

//  RS, E, D4, D5, D6, D7 핀 배열을 정의한다.
LiquidCrystal lcd(2, 3, 5, 6, 7, 8);

// 특수문자 픽셀 데이터
byte user_char[8] = {
    B10001,
    B01010,
    B00100,
    B00000,
    B00000,
    B00100,
    B01010,
    B10001 };

void setup()
{
    lcd.creatChar(0, user_char);             // 특수문자 지정
    lcd.begin(16, 2);                        // LCD는 16×2
    lcd.clear();                             // LCD를 클리어한다.

    lcd.write(byte(0));                      // 특수문자 출력
}

void loop() { }
```

참고 🔍 사용된 함수

함수	설명
LiquidCrystal lcd(2, 3, 5, 6, 7, 8);	RS, E, D4, D5, D6, D7 순으로 LCD의 핀 배열을 정의한다.
lcd.begin(16, 2);	LCD를 16×2 로 정의한다.
lcd.print("문자열");	" " 안의 문자열을 LCD에 표시한다.
lcd.clear( );	LCD에 표시된 내용을 지운다.
lcd.setCursor(0, 0);	텍스트가 위치할 커서의 위치를 설정한다. 0행 0열
lcd.scrollDisplayRight( );	문자를 오른쪽으로 이동시킨다.
lcd.scrollDisplayLeft( );	문자를 왼쪽으로 이동시킨다.
lcd.creatChar(0, user_char);	특수문자를 지정한다.
lcd.write(byte(0));	특수문자를 출력한다.

7-8 　IIC/I2C Serial Interface 모듈(FC-113) 사용 방법

　앞에서 살펴보았던 LCD 제어방법은 아두이노와 많은 선을 연결하여 제어해야 하지만, I2C 모듈(FC-113)은 아두이노에 4개의 선 연결만으로 LCD를 제어할 수 있다. 단, I2C 모듈(FC-113)와 LCD를 납땜하거나 브레드보드를 사용하여 연결되어 있어야 한다.

표 7-2 2C 모듈과 아두이노 연결

FC-113	↔	아두이노
GND	↔	GND
VCC	↔	5V
SDA	↔	A4
SCL	↔	A5

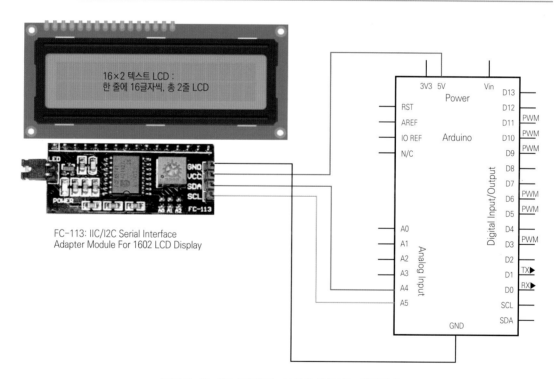

FC-113: IIC/I2C Serial Interface
Adapter Module For 1602 LCD Display

그림 7-10 I2C 모듈(FC-113)와 아두이노 연결하기

　LCD 라이브러리 다운로드 및 설치가 필요하다.

　https://bitbucket.org/fmalpartida/new-liquidcrystal/downloads/ 에서　NewliquidCrystal
_1.3.4.zip 다운로드하여 설치한다.

　설치를 쉽게 하는 방법은 스케치 → 라이브러리 포함하기 → .ZIP 라이브러리 추가를 클릭하여 다운받은 NewliquidCrystal_1.3.4.zip를 선택하면 된다.

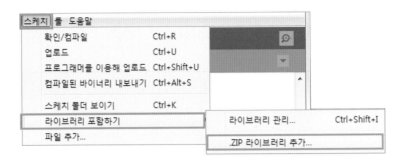

그림 7-11 ZIP 라이브러리 추가

그리고 메뉴에서 스케치 → 라이브러리 포함하기 → NewliquidCrystal을 선택하여 라이브러리를 포함한다.

그림 7-12 NewliquidCrystal 라이브러리 포함하기

그럼 간단하게 "hello, world!"를 출력해 보자.

```
#include <LCD.h>
#include <LiquidCrystal_I2C.h>

LiquidCrystal_I2C  lcd(0x27,2,1,0,4,5,6,7);
// 0x27 is the I2C bus address for an unmodified module
// Set the pins on the I2C chip used for LCD connections:
// addr,E,RW,RS,D4,D5,D6,D7

void setup()
{
    lcd.begin(16, 2); // LCD는 16 chars, 2 lines 로 정의
    lcd.setBacklightPin(3,POSITIVE);
    lcd.setBacklight(HIGH);
    lcd.print( "hello, world!" ); // hello, world를 LCD에 표시한다.
}
void loop() { }
```

그림 7-13 hello, world! 출력하기

여기서 사용된 함수들은 다음과 같다.

```
lcd.setBacklightPin(3,POSITIVE); // 백라이트 핀 설정
lcd.setBacklight(HIGH);          // 백라이트 High
```

만일 디스플레이가 제대로 보이지 않으면 모듈의 파란색 사각형 부분을 조정하여 명암을 조절해 보길 바란다.

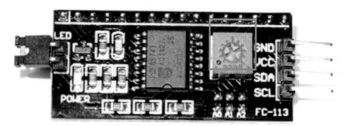

그림 7-14 명암 조절(파란색 사각형 부분)

다음으로 이름을 출력해 보자.

```
#include <LCD.h>
#include <LiquidCrystal_I2C.h>

LiquidCrystal_I2C  lcd(0x27,2,1,0,4,5,6,7);
void setup()
{
    lcd.begin(16, 2);                  // LCD는 16 chars, 2 lines 로 정의
    lcd.setBacklightPin(3,POSITIVE);
    lcd.setBacklight(HIGH);
}
void loop()
{
    lcd.setCursor(0, 0);               // 텍스트가 위치할 커서의 위치를 설정. 0칸 0줄
    lcd.print( "My name is" );         // My name is 를 LCD에 표시
    lcd.setCursor(0, 1);               // 텍스트가 위치할 커서의 위치를 설정. 0칸 1줄
    lcd.print( "Kim Sang Won" );       // 이름을 LCD에 표시
    delay(2000);                       // 시간 지연한다.
}
```

그림 7-15 이름 출력하기

7-9 다른 종류의 I2C 모듈을 사용하는 경우

I2C 모듈인 경우 사용된 메인칩에 따라서 설정을 다르게 해야 하므로, 모듈에 맞는 라이브러리와 프로그램상에서 시작 주소를 다르게 지정해야 한다.

 - PCF8574T : 0x27 (FC-113인 경우에 시작하는 주소)
 - PCF8574AT : 0x3F

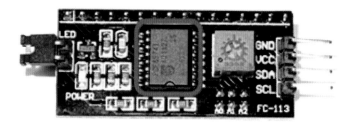

그림 7-16　I2C 모듈의 메인칩

이 모듈에 맞는 라이브러리를 설치해야 하므로 메뉴에서 스케치 → 라이브러리 포함하기→ 라이브러리 관리를 선택하여 입력창에 "LiquidCrystal I2C" 검색 후에 Frank de Brabander를 설치한다.

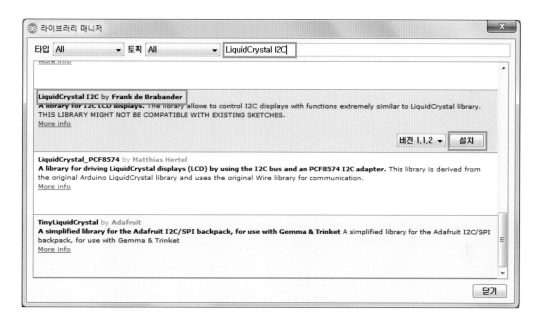

그림 7-17　라이브러리 설치하기

아두이노와 LCD 모듈 연결 방법은 동일하며 프로그램은 다음과 같이 작성하면 된다.

```
#include <Wire.h>
#include <LiquidCrystal_I2C.h>

LiquidCrystal_I2C  lcd(0x3F,16,2);      // 시작 주소 0x3F

void setup()
{
  lcd.init();                          // LCD 초기화
  lcd.backlight();                     // 백라이트 켜기
}
```

```
void loop(){
    lcd.setCursor(0,0);                   // 1번째, 1라인
    lcd.print( "Hello, world!" );
    lcd.setCursor(0,1);                   // 1번째, 2라인
    lcd.print( "Kim Sang Won" );
    delay(2000); // 시간 지연한다.
}
```

7-10 I2C 모듈의 시작 주소를 알 수 있는 방법

아두이노와 LCD 모듈을 연결한 후에 http://playground.arduino.cc/Main/I2cScanner 에서 소스를 다운로드하여 시리얼 모니터에서 시작 주소 확인이 가능하다.

```
#include <Wire.h>

void setup()
{
    Wire.begin();
    Serial.begin(9600);
    while (!Serial);                  // Leonardo: wait for serial monitor
    Serial.println( "\nI2C Scanner" );
}

void loop()
{
    byte error, address;
    int nDevices;

    Serial.println( "Scanning..." );
    nDevices = 0;
    for(address = 1; address < 127; address++ )
    {
        Wire.beginTransmission(address);
        error = Wire.endTransmission();
        if (error == 0)
        {
            Serial.print( "I2C device found at address 0x" );
```

```
            if (address<16)
                Serial.print( "0" );
            Serial.print(address,HEX);
            Serial.println( "!" );
            nDevices++;
        }
        else if (error==4)
        {
            Serial.print( "Unknown error at address 0x" );
            if (address<16)
                Serial.print( "0" );
            Serial.println(address,HEX);
        }
    }
    if (nDevices == 0)
        Serial.println( "No I2C devices found\n" );
    else
        Serial.println( "done\n" );
    delay(5000);              // wait 5 seconds for next scan
}
```

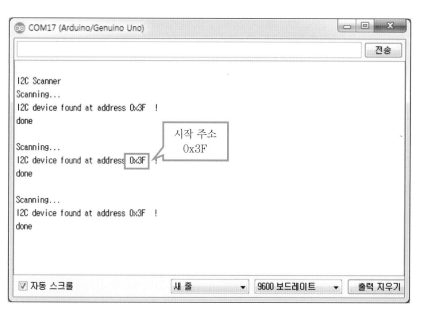

그림 7-18 I2C 모듈의 시작 주소 출력

A/D 변환

8-1 가변저항 값을 A/D 변환하기

아날로그 신호는 흔히 우리가 접하게 되는 길이, 온도, 전압, 압력 또는 사람의 목소리 등과 같이 정보를 연속적인 물리량으로 표시하는 것을 말한다. 멀티미터(또는 테스터기)와 같이 전압이나 전류에 비례해서 멀티미터의 바늘이 움직이는 것, 자동차의 속도계의 바늘이 움직이는 것도 아날로그이다.

반면에 조명의 스위치와 같이 on/off 중 어느 한 상태밖에 유지할 수 없는 회로 또는 이러한 것들의 조합으로 이루어지는 회로를 디지털이라 한다. 디지털시계의 표시와 같이 시간이나 분이 어떤 단위 스텝으로 변화하는 것도 디지털이라고 부른다.

아날로그 신호를 디지털 신호로 바꾸기 위해서는 A/D 변환기(Analog to Digital Converter)를 사용한다.

다음 그림과 같이 아두이노와 가변저항을 사용하여 회로를 구성한다.

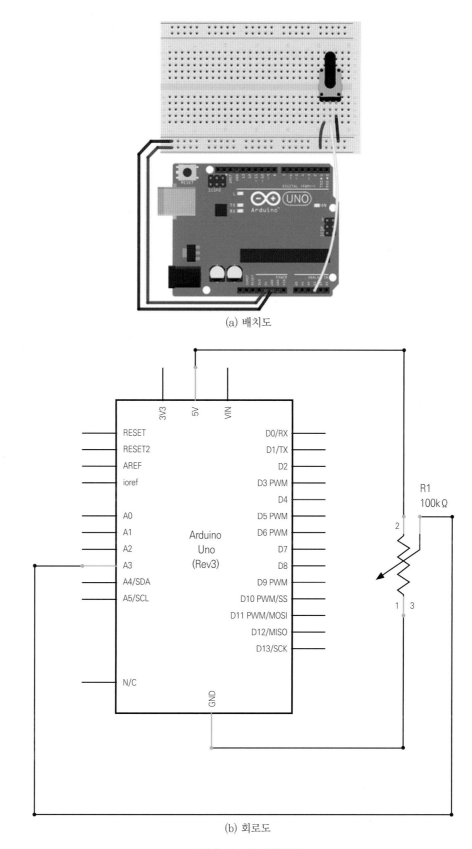

(a) 배치도

(b) 회로도

그림 8-1 A/D 변환회로

먼저 아두이노로 가변저항의 전압을 A/D 변환하는 것을 프로그램으로 작성하도록 한다. 다음과 같은 프로그램을 스케치에 입력한다.

```
int potPin = A3;                        // A3 핀으로 아날로그 입력으로 설정한다.

void setup()
{
    Serial.begin(9600);                 // 시리얼 모니터를 세팅한다.
}

void loop()
{
    int reading = analogRead(potPin);   // A3 핀에서 아날로그 전압을 읽어들인다.
    Serial.print( "Variable registor : " );    // 가변저항 제목을 시리얼 모니터에 출력한다.
    Serial.println(reading);            // 읽어들인 전압을 시리얼 모니터로 보낸다.
    delay(500);
}
```

업로드가 끝나면 시리얼 모니터를 열어서 데이터를 확인하도록 한다. 가변저항에 달려 있는 손잡이를 돌려 보면 모니터에 표시되는 숫자들이 0~1023 사이에서 변하는 것을 확인할 수 있다.

시리얼 모니터 화면에 A3 아날로그 입력 핀으로부터 읽어들인 가변저항의 아날로그 전압 값이 A/D 변환되어져 숫자들로 나타나는 것을 볼 수 있다.

```
int reading = analogRead(potPin);   // A3 핀에서 아날로그 전압을 읽어들인다.
```

가변저항은 A3 핀으로 입력되는 전압레벨을 변경시킬 수 있다. 변경된 전압은 스케치 코드에 의해 0~1023의 값으로 10비트 A/D 변환되어진 값으로 전송된다.

그림 8-2 시리얼 모니터 결과

8-2   LED 페이딩하기

그림 8-3과 같이 LED를 추가하여 회로를 구성한다. 가변저항 값을 A/D 변환하고 그 값에 따라 LED에 흐르는 PWM 값을 조절하여 LED의 밝기를 조절하는 페이딩(fading) 회로를 만들어 보기로 하자.

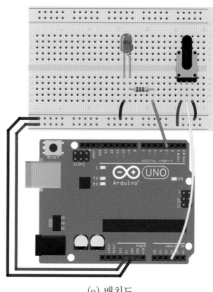

(a) 배치도

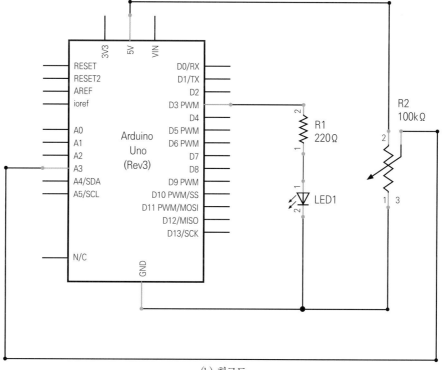

(b) 회로도

그림 8-3 LED 페이딩 회로

먼저 페이딩 동작을 확인해보도록 하자. 다음과 같이 스케치에 프로그램을 입력하고, 아두이노에 다운로드하여 그 결과를 확인해 보자.

```
int value = 0;                              // fading 값 정의
int ledpin = 3;                             // LED 연결 핀 지정

void setup()
{
      pinMode(ledpin, OUTPUT);              // led 연결 핀 3번을 출력으로 설정
}

void loop()
{

      // LED 출력 값을 최솟값에서 최댓값으로 변화시켜 점점 밝아지게 한다(Fade In).
      for(value = 0 ; value <= 255; value+=5)
      {
            analogWrite(ledpin, value);   // fading 값 지정하기
            delay(30);                      // dimming 효과를 보기 위해 시간 지연
      }

      // LED 출력 값을 최댓값에서 최솟값으로 변화시켜 점점 어두워지게 한다(Fade Out).
      for(value = 255; value >=0; value-=5)
      {
            analogWrite(ledpin, value);   // fading 값 지정하기
            delay(30);                      // dimming 효과를 보기 위해 시간 지연
      }
}
```

이제 프로그램을 조금 변경하여 A/D 변환 값을 페이딩 값으로 변화시켜 회로를 동작시켜 보도록 한다.

```
int value = 0;                              // fading 값 정의
int ledpin = 3;                             // LED 연결 핀 지정
int potPin = A3;                            // A3 핀으로 아날로그 입력으로 설정

void setup()
{
      pinMode(ledpin, OUTPUT);              // led 연결 핀 3번을 출력으로 설정
}

void loop()
```

```
{
    int reading = analogRead(potPin);   // A3 핀에서 아날로그 전압을 읽어들인다.

    value =  reading/4;                 // 10비트 값을 8비트로 변환
    analogWrite(ledpin, value);         // fading 값 지정하기
    delay(30);                          // dimming 효과를 보기 위해 시간 지연
}
```

　루프 함수를 살펴보자. A/D 변환되어진 값은 10비트이고, PWM 출력되어지는 값은 8비트이다. 그러므로 수치조절을 해주어야 한다. 이런 경우에는 시프트 연산을 사용하여 10비트 값을 오른쪽으로 2비트 시프트시키거나, 아래 프로그램과 같이 10비트 값을 4로 나누어주면 2비트 다운되어 8비트가 된다. 1024/4=256이다. 시프트 연산이나 나눗셈 연산이나 동작 결과는 동일하다.

```
    value =  reading/4;                 // 10비트 값을 8비트로 변환
    analogWrite(ledpin, value);         // fading 값 지정하기
```

8-3 LED Blink 속도 조절하기

　이전 실습에서의 LED Blink 프로그램에서는 delay(500)과 같이 고정된 시간 지연 값을 이용하여 LED 점멸을 실행하였다. 이번 실습에서는 가변저항을 통해 인가된 전압을 A/D 변환하고, 이 변환된 값에 비례하여 LED 점멸 속도를 바꾸어 보도록 하자. 실습에 사용할 회로는 그림 8-3의 회로를 사용한다. 다음과 같은 프로그램을 스케치에 입력하고, 아두이노에 다운로드하여 그 결과를 확인해 보도록 하자.

```
//  핀 번호를 정의한다.
int LED = 3;                        // LED 연결 핀 지정
int potPin = A3;                    // A3 핀으로 아날로그 입력으로 설정

long VarR;                          // 가변저항 값을 변수로 지정

void setup()
{
    pinMode(LED, OUTPUT);           // led 연결 핀 3번을 출력으로 설정
    Serial.begin(9600);             // 시리얼 통신을 9600bps로 초기화한다.
}

void loop()
```

```
{

        VarR = analogRead(potPin);              // 가변저항 값을 읽는다.

        digitalWrite(LED, LOW);                 // LED를 점등시킨다.
        delay(VarR);

        Serial.print( "Variable registor : " );  // 가변저항 제목을 시리얼 모니터에 출력한다.
        Serial.println(VarR);                    // 읽어들인 전압을 시리얼 모니터로 보낸다.

        digitalWrite(LED, HIGH);                // LED를 소등시킨다.
        delay(VarR);
}
```

8-4 A/D 변환 값을 LED Bar로 점등하기

앞에서 실험했던 LED 8개를 연결한다. 0~1023으로 구분되는 1024개의 A/D 변환 값을 8개의 구간으로 나눈다. 0~127 구간을 레벨 1로 정의하고, 전압 값이 해당 구간에 속하면 LED 1개를 점등한다. A/D 변환되어진 값에 따라 전압레벨이 올라가면 점등되는 LED의 개수가 많아지도록 한다. 이렇게 레벨로 표시하는 것은 LED Bar Array라는 부품을 사용한다.

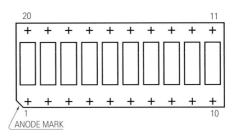

그림 8-4 LED 바 외형

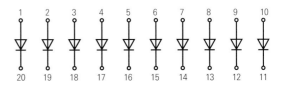

그림 8-5 LED 바 핀 맵

그림 8-6과 같이 LED 각각에 330Ω 저항을 연결하며, 구동방법은 LED 점멸회로와 동일하다.

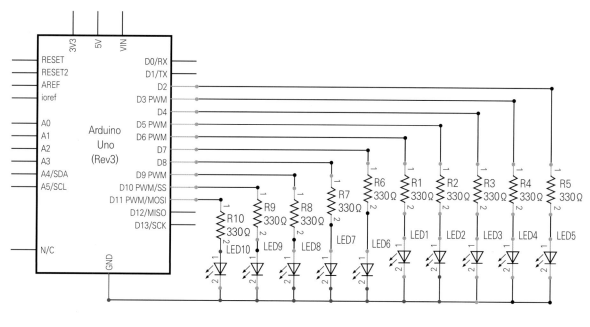

그림 8-6 LED 바 구동회로

다음과 같은 프로그램을 스케치에 입력하고, 아두이노에 다운로드하여 동작을 확인하도록 한다.

```
int potPin = A3;                                 // A/D 포트를 지정한다.

void setup()
{
    for(int i=2; i<12; i++)
    {
        pinMode(i, OUTPUT);                      // 출력 포트를 지정한다.
    }
}
void loop()
{
    int reading = analogRead(potPin);

    if(reading < 102) digitalWrite(2, HIGH);     // LED Bar 1개를 점등한다.
    if(reading < 204) digitalWrite(3, HIGH);     // LED Bar 2개를 점등한다.
    if(reading < 306) digitalWrite(4, HIGH);     // LED Bar 3개를 점등한다.
    if(reading < 408) digitalWrite(5, HIGH);     // LED Bar 4개를 점등한다.
    if(reading < 510) digitalWrite(6, HIGH);     // LED Bar 5개를 점등한다.
    if(reading < 612) digitalWrite(7, HIGH);     // LED Bar 6개를 점등한다.
```

```
    if(reading < 714) digitalWrite(8, HIGH);       // LED Bar 7개를 점등한다.
    if(reading < 816) digitalWrite(9, HIGH);       // LED Bar 8개를 점등한다.
    if(reading < 918) digitalWrite(8, HIGH);       // LED Bar 9개를 점등한다.
    if(reading < 1024) digitalWrite(8, HIGH);      // LED Bar 10개를 점등한다.
}
```

8-5   가변저항의 A/D 변환 값을 LCD로 표시하기

그림 8-7과 같이 아두이노와 LCD를 연결한다. 그리고 가변저항을 A3번 핀에 연결한다.

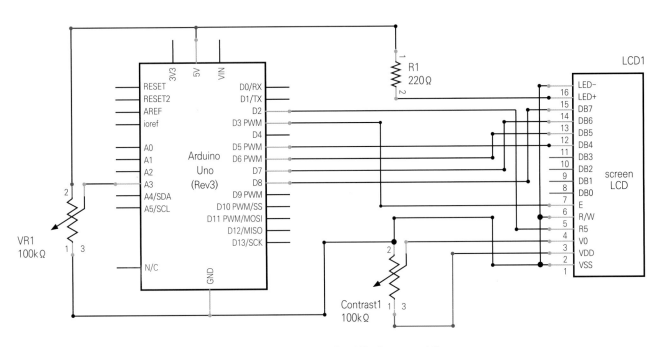

그림 8-7 A/D 변환 값 LCD 표시회로

가변저항에 달려 있는 손잡이를 돌려 LCD에 표시되는 숫자들이 0~1023 사이에서 변하는 것을 확인한다. LCD 화면에 A3로부터 읽어들인 가변저항의 아날로그 전압 값이 A/D 변환되어져 숫자들로 나타나는 것을 볼 수 있다.

```
#include <LiquidCrystal.h>              // LCD 헤더 파일을 추가한다.

// RS, E, D4, D5, D6, D7 핀 배열을 정의한다.
LiquidCrystal lcd(2, 3, 5, 6, 7, 8);
```

```
int potPin = A3;

void setup()
{
    lcd.begin(16, 2);                        // LCD를 초기화한다.
    lcd.clear();                             // LCD 화면을 지운다.
}

void loop()
{
    int reading = analogRead(potPin);        // A/D 변환을 수행한다.
    String reading_string=String(reading);   // 숫자를 문자로 변환한다.

    lcd.home();                              // 커서 위치를 좌측 상단에 위치시킨다.

    for(int i=0; i<4-reading_string.length(); i++)
    {
        lcd.write( ' ' );                    // blank를 출력하여 이전 문자를 지운다.
    }
    lcd.print(reading);                      // A/D 변환 값을 LCD에 출력한다.
}
```

참고   **사용된 함수들**

함수	설명
analogRead(핀 번호);	해당 핀의 입력전압을 A/D 변환하여 읽어들인다.
analogWrite(핀 번호, 값);	해당 핀에 PWM 신호를 사용하여 값을 출력한다.
String(숫자);	해당 숫자를 문자로 변환한다.
lcd.home( );	커서의 위치를 home, 즉 0행 0열 위치로 이동시킨다.

Chapter 9

ARDUINO

매트릭스 회로

9-1 도트 매트릭스 구동회로

(1) 도트 매트릭스의 특성

도트 매트릭스(dot matrix)는 LED를 사용한 점(dot)으로 글씨나 그림을 표시하는 전자부품이다. 우리가 지하철이나 옥외 광고에서 흔히 볼 수 있는 전광판에서 디스플레이용으로 사용하고 있는 부품이다. 도트 매트릭스의 외형은 그림 9-1과 같다. 매트릭스 모듈의 뒷면을 살펴보면 1번 핀에 해당하는 위치에 숫자 1이 표시되어 구분을 할 수 있도록 되어 있다. 핀 번호는 1의 위치에서 부터 반시계 방향으로 구성된다.

잔상효과를 이용하여 마치 여러 개의 LED가 동시에 켜진 것처럼 표시하는 방법을 사용한다. 이때 마이크로 컨트롤러에서 출력되는 구동 펄스는 출력 시간 및 간격에 따라 밝기가 변하고 깜박거림이 발생할 수 있으므로, 마이크로 컨트롤러에서 정확한 시간 간격으로 도트 매트릭스의 각 포트의 On시간을 유지하는 정밀한 타이밍 제어가 요구된다. 사람의 눈이 깜박이는 정도에 따라 LED가 점등되어야 하므로 약 20ms 정도가 적당하다.

그림 9-1 도트 매트릭스 외형

도트 매트릭스는 7-세그먼트가 8개의 LED로 구성된 것과 마찬가지로 8×8 매트릭스의 경우 64개의 LED로 구성되어 있다. 도트 매트릭스의 내부 구성은 다음 그림과 같다.

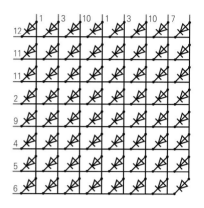

그림 9-2 도트 매트릭스의 내부 구성

64개의 LED를 점멸하기 위해서는 64개의 데이터 라인이 필요하게 된다. 데이터 라인을 줄이기 위해 행(row)과 열(column)을 이용하여 해당되는 LED를 점멸하도록 하고 있다. 가로 줄을 행이라 하고, 세로 줄을 열이라 한다. 먼저 1열(COL 1)에 0V를 입력하고 행(ROW 1)에 5V를 인가하면 맨 위의 맨 좌측의 LED 열에 전류가 흘러 해당 LED가 켜지게 된다.

(2) 도트 매트릭스 구동회로

그림 9-3과 같이 아두이노와 도트 매트릭스를 연결한다. 아두이노에서 공급할 수 있는 전류의 양이 제한되어 있기 때문에 도트 매트릭스를 구동할 수 없다.

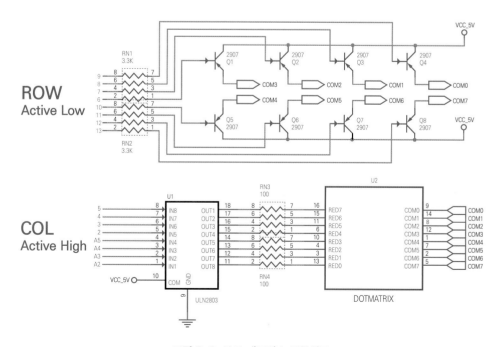

그림 9-3 도트 매트릭스 구동회로

따라서 도트 매트릭스의 LED를 전체적으로 구동하기 위해서는 별도의 드라이버를 필요로 한다. PNP형 트랜지스터와 싱크 드라이버(sink driver)라 불리는 ULN2803 IC를 사용하여 드라이버를 구성한다.

다음과 같은 프로그램을 아두이노에 입력하고, 그 동작을 확인해 보자.

```
int col[8]={A2, A3, A4, A5, 2, 3, 4, 5};      // column 연결 핀 지정
int row[8]={6, 7, 8, 9, 10, 11, 12, 13};      // row 연결 핀 지정

int Num=8;

void setup()
{
    for(int i=0; i<Num; i++)
    {
        pinMode(col[i], OUTPUT);              // column 연결 핀을 출력으로 설정
        pinMode(row[i], OUTPUT);              // row 연결 핀을 출력으로 설정
    }
}

void clear()
{
        for(int i=0; i<Num; i++)
    {
        digitalWrite(row[i], LOW);            // row 출력
        digitalWrite(col[i], LOW);            // column 출력
    }
}

void loop()
{
    for(int i=0; i<Num; i++)
    {
        for(int j=0; j<Num; j++)
        {
                clear();                      // 도트 매트릭스 클리어

                digitalWrite(row[i], LOW);    // row 연결 핀을 출력으로 설정
            digitalWrite(col[j], HIGH);       // column 연결 핀을 출력으로 설정
            delay(300);
         }
    }
}
```

(3) 패턴 구동하기

다음과 같은 프로그램을 아두이노에 입력하고, 그 동작을 확인해 보자. 도트 매트릭스에서 점등하고자 하는 LED 패턴을 미리 정의하고 해당 핀에 출력을 내보낸다. 동작되어지는 결과는 그림 9-4와 같다.

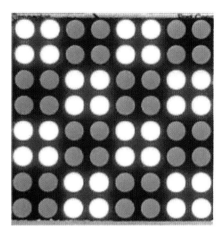

그림 9-4 도트 매트릭스 패턴 출력

```
int col[8]={A2, A3, A4, A5, 2, 3, 4, 5};       // column 연결 핀 지정
int row[8]={6, 7, 8, 9, 10, 11, 12, 13};       // row 연결 핀 지정

int Num=8;

void setup()
{
    for(int i=0; i<Num; i++)
    {
        pinMode(col[i], OUTPUT);            // column 연결 핀을 출력으로 설정
        pinMode(row[i], OUTPUT);            // row 연결 핀을 출력으로 설정
    }
}

// row 패턴 설정
byte row_arr[8][8] = { {0, 1, 1, 1, 1, 1, 1, 1},
                       {1, 0, 1, 1, 1, 1, 1, 1},
                       {1, 1, 0, 1, 1, 1, 1, 1},
                       {1, 1, 1, 0, 1, 1, 1, 1},
                       {1, 1, 1, 1, 0, 1, 1, 1},
                       {1, 1, 1, 1, 1, 0, 1, 1},
                       {1, 1, 1, 1, 1, 1, 0, 1},
```

```
                                  {1, 1, 1, 1, 1, 1, 1, 0} };

// 패턴 설정
byte pattern[8][8] = { {1, 1, 0, 0, 1, 1, 0, 0},
                       {1, 1, 0, 0, 1, 1, 0, 0},
                       {0, 0, 1, 1, 0, 0, 1, 1},
                       {0, 0, 1, 1, 0, 0, 1, 1},
                       {1, 1, 0, 0, 1, 1, 0, 0},
                       {1, 1, 0, 0, 1, 1, 0, 0},
                       {0, 0, 1, 1, 0, 0, 1, 1},
                       {0, 0, 1, 1, 0, 0, 1, 1} };

int rn=0;                                    // row number 변수 지정
int cn=0;                                    // column number 변수 지정

void loop()
{
    for(int cnt=0; cnt<300; cnt++)
    {
        for(int temp=0; temp<8; temp++)
        {
            for(int rowNum=0; rowNum<8; rowNum++)
            {
                digitalWrite(row[rowNum], row_arr[rn][rowNum]);
            }

            rn++;                            // row number 증가

            // row number가 8이면 0으로 초기화
            if(rn==8) { rn=0; }

            for(int colNum=0; colNum<8; colNum++)
            {
                digitalWrite(col[colNum], pattern[cn][colNum]);
            }

            cn++;                            // column number 증가
            // column number가 8이면 0으로 초기화
            if(cn==8) { cn=0; }
            delayMicroseconds(200);          // 잔상효과를 위해 200㎲ 지연
```

```
            for(int colNum=0; colNum<8; colNum++)
            {
                    digitalWrite(col[colNum], 0);
            }
        }
    }
}
```

키패드 입력회로

(1) 키패드의 특성

키패드(key pad)는 도트 매트릭스와 기본적으로 유사한 특성을 갖는다. 이러한 키패드의 외형은 그림 9-5와 같다. 키패드는 전화기, 디지털 도어 로크(door lock), 금고, ATM기 등 입력용으로 실생활에 많이 사용되어지는 부품이다. 마이크로프로세서에서 키 입력을 위해서는 키 입력 하나당 한 개의 입력 핀을 필요로 한다. 도트 매트릭스를 구동한 방식과 마찬가지로 하나의 열에서 5V를 출력하고, 행에서 입력을 받아들이도록 프로그램을 구성한다. 행 중의 임의의 키가 눌러지게 되면 해당 행의 입력에서는 5V가 검출되고, 다른 행에서는 LOW가 검출된다.

순차적으로 열을 바꾸어 5V를 출력하고, 행에서의 입력 값을 검출하면 인간이 감지할 수 있는 속도에 비해 마이크로프로세서의 동작이 매우 빠르므로 우리는 전체 키패드의 키 입력이 동시에 감지되는 것으로 인식하게 된다.

그림 9-5 키패드의 외형

(2) 키패드 입력회로

다음 그림 9-6과 같이 키패드와 아두이노를 연결한다.

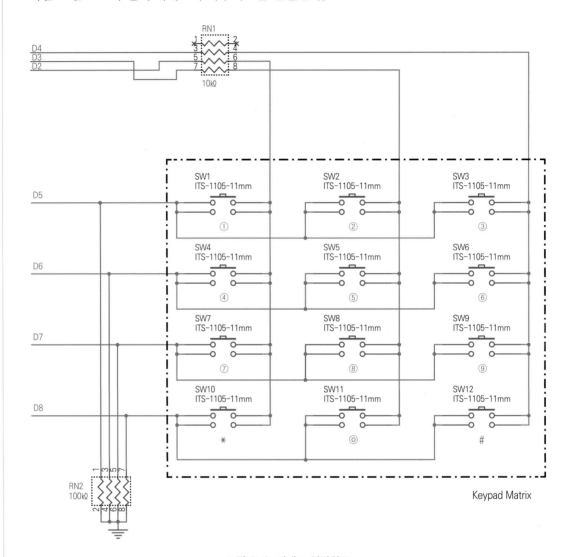

그림 9-6 키패드 입력회로

(3) 키패드 행 입력 받기

키패드의 행 입력을 확인하기 위해 10~13번 핀에 LED를 연결하고, 키패드 입력에 따른 동작을 확인해보도록 한다.

```
int col[3]={2, 3, 4};
int row[4]={6, 7, 8, 9};
int ledout[4]={10, 11, 12, 13};

void setup() {
```

```
        for(int i=0; i<3; i++)
        {
                pinMode(col[i], OUTPUT);            // column 연결 핀을 출력으로 설정
        }
        for(int i=0; i<4; i++)
        {                                            // 키 입력 상태를 LED로 출력하려 한다.
                pinMode(ledout[i], OUTPUT);
        }
        for(int i=0; i<4; i++)
        {
                pinMode(row[i], INPUT);             // row  연결 핀을 출력으로 설정
        }
}

void loop()
{
        digitalWrite(col[0], HIGH);                 // 0번 열에 0을 출력한다.

        // 키 '1'의 상태가 HIGH인지 확인한다.
        if (digitalRead(row[0]) == HIGH)
        {
                digitalWrite(ledout[0], HIGH);      // LED 1번을 점멸한다.
                delay(500);
                digitalWrite(ledout[0], LOW);
        }

        // 키 '4'의 상태가 HIGH인지 확인한다.
        if (digitalRead(row[1]) == HIGH)
        {
                digitalWrite(ledout[1], HIGH);      // LED 2번을 점멸한다.
                delay(500);
                digitalWrite(ledout[1], LOW);
        }

        // 키 '7'의 상태가 HIGH인지 확인한다.
        if (digitalRead(row[2]) == HIGH)
        {
                digitalWrite(ledout[2], HIGH);      // LED 3번을 점멸한다.
                delay(500);
                digitalWrite(ledout[2], LOW);
        }
```

```
    // 키 '*'의 상태가 HIGH인지 확인한다.              // LED 4번을 점멸한다.
    if (digitalRead(row[3]) == HIGH)
    {
        digitalWrite(ledout[3], HIGH);
        delay(500);
        digitalWrite(ledout[3], LOW);
    }
}
```

(4) 키패드 입력 받기

이제 라이브러리를 등록하여 프로그램을 간단히 변경시키도록 한다. 키패드를 사용하기 위해 다음의 사이트 http://playground.arduino.cc/code/keypad 에서 keypad.zip을 다운받는다.

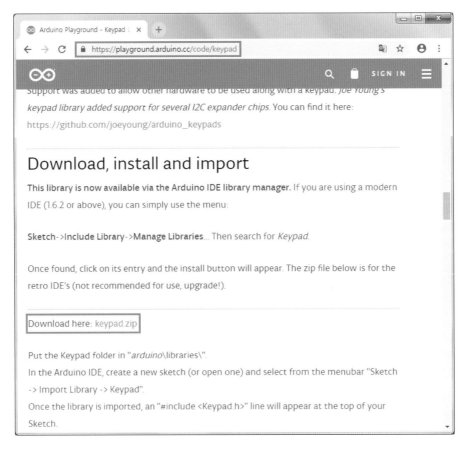

그림 9-7 라이브러리 다운로드

다운받은 파일을 Arduino → libraries에 압축을 해제한다. 스케치에 다운받은 라이브러리를 등록한다. 또는 설치를 쉽게 하는 방법은 스케치 → 라이브러리 포함하기 → .ZIP 라이브러리 추가를 클릭하여 다운받은 keypad.zip를 선택하면 된다. 그리고 메뉴에서 스케치 → 라이브러리 포함하기

→ keypad를 선택하면 라이브러리를 포함할 수 있다.

스케치에 다음과 같은 프로그램을 입력한다. 아두이노에 다운로드하고 그 동작을 확인하도록 한다. 시리얼 모니터에 키패드의 버튼을 누를 때마다 그림 9-8과 같이 해당 데이터를 시리얼 모니터로 송신하는지 확인한다. *, # 키를 눌렀을 때에는 LED 1과 LED 2가 점등되어야 한다.

그림 9-8 키패드 입력에 따른 시리얼 모니터 결과

```
#include <Keypad.h>

const byte ROWS = 4;                    // 키패드의 column 라인 개수를 정의한다.
const byte COLS = 3;                    // 키패드의 row 라인 개수를 정의한다.

// 키패드 값을 지정한다.
char keys[ROWS][COLS] = {
    { '1' , '2' , '3' },
    { '4' , '5' , '6' },
    { '7' , '8' , '9' },
    { '#' , '0' , '*' }
};

byte colPins[COLS] = {2, 3, 4};         // column 핀을 지정한다.
byte rowPins[ROWS] = {6, 7, 8, 9};      // row 핀을 지정한다.

// row와 column 데이터에 따라 키패드 데이터를 생성한다.
Keypad kpd = Keypad( makeKeymap(keys), rowPins, colPins, ROWS, COLS );

#define ledpin1 13
#define ledpin2 12

void setup()
```

```
{
    Serial.begin(9600);                      // 시리얼 통신을 초기화한다.
    pinMode(ledpin1, OUTPUT);                // LED1을 출력으로 설정
    pinMode(ledpin2, OUTPUT);                // LED2를 출력으로 설정
}

void loop()
{
    char key = kpd.getKey();                 // 키 값을 받아온다.

    if(key)                                  // 키 값을 받아오면 다음을 수행한다.
    {
        switch (key)
        {
            case '*' :                       // * 입력이면 LED1을 점등한다.
            digitalWrite(ledpin1, HIGH);
            break;

            case '#' :                       // # 입력이면 LED1을 점등한다.
            digitalWrite(ledpin2, HIGH);
            break;

            default:                         // 키패드 입력을 시리얼로 보낸다.
            Serial.println(key);
        }
    }
}
```

참고 🔍 **사용된 함수**

함수	설명
Keypad(makeKeymap(keys), rowPins, colPins, ROWS, COLS);	ROWS 개수와 COLS 개수에 따라 아두이노와 연결된 rowPins, colPins의 핀 번호와 맞추어 keys 행렬 데이터에 따른 키패드 데이터를 생성한다.
kpd.getKey();	키 데이터를 읽어온다.

Chapter

10

ARDUINO

DC 모터

10-1 DC 모터의 특성

DC 모터의 외형은 그림 10-1과 같다. 두 개의 연결선을 갖고 있으며, VCC와 GND 전원을 연결하는 것만으로도 모터를 회전시킬 수 있다. 전원이 끊어지면 모터는 정지한다. VCC와 GND 전원의 연결을 바꾸는 것에 의해 정회전, 역회전을 조절할 수 있다. 관성 때문에 정확한 정지 위치를 결정하는 것이 쉽지가 않다.

그림 10-1 DC 모터의 외형

DC 모터는 인가하는 전압의 레벨에 의해 속도가 조절된다. 전압 레벨이 높아지면 높아질수록 속도는 빨라진다. 전원장치에 DC 모터를 연결하고 전압 레벨을 0V부터 천천히 올리면 어떤 일정한 전압 레벨 이상의 기동 전압부터 모터의 속도가 천천히 회전하다가 전압을 올리면 올릴수록 모터가 서서히 빨라지는 것을 확인할 수 있다.

모터를 구동하기에는 전류 값이 크게 모자라게 된다. 이러한 문제점을 해결하기 위해 모터 드라이버용 전용 IC를 채용하여 필요한 전류를 공급하고, 모터의 회전 방향과 회전 속도를 제어하도록 하고 있다.

일반적으로 사용되고 있는 모터 전용 드라이버 IC는 L298 칩이나 SLA7024 칩을 많이 사용하고 있다. L298 칩은 최대 2A의 전류를 공급할 수 있으며, 5~45V 공급 전압에서 동작한다. 이러한 모터 드라이버 모듈의 외형은 그림 10-2와 같다.

그림 10-2 모터 드라이버 모듈

DC 모터의 속도를 조절하는 것은 전압의 레벨에 의해서 조절된다. 디지털 회로에서는 전압 레벨을 조절할 수 없으므로, 펄스폭변조(PWM : Pulse Width Modulation)방식에 의해서 전압 레벨을 조절한다.

VCC가 5V이므로 듀티 비가 50%인 주기 파형의 DC 평균 전압은 2.5V가 된다. 또한 듀티 비가 20%인 주기 파형의 DC 평균 전압은 1V가 되며, 듀티 비가 80%인 주기 파형의 DC 평균 전압은 4V가 된다. 이와 같이 1이 되는 시간 간격을 조절하여 모터의 속도를 조절한다. 이러한 시간 간격은 해당 핀을 1로 만들고 나서의 시간 지연의 값을 지정하는 것에 의해 조절할 수 있다.

10-2 DC 모터 구동회로

다음과 같이 아두이노와 DC 모터를 연결한다.

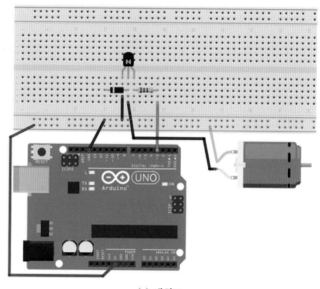

(a) 배치도

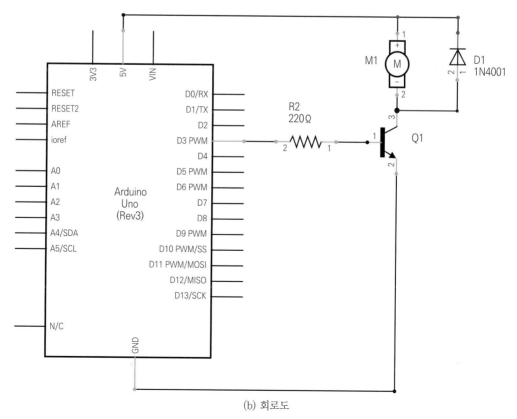

(b) 회로도

그림 10-3 DC 모터 구동회로

아두이노의 3번 핀이 저항을 통해 트랜지스터의 베이스로 연결되어 있다. 저항은 트랜지스터에 과도한 전류가 들어가 트랜지스터가 망가지는 것을 방지하여 주는 역할을 수행한다.

모터 쪽에는 다이오드가 연결되어 있다. 다이오드는 전류가 한 방향으로만 흐르도록 하는 부품이다. 모터를 정지할 때, 음극 전압 스파이크가 발생하고, 이러한 스파이크는 아두이노나 트랜지스터를 망가트릴 수 있다. 다이오드는 모터로부터 거꾸로 흐르는 역전류로부터 트랜지스터와 모터를 보호하는 역할을 수행한다.

10-3 DC 모터의 구동

다음과 같은 프로그램을 스케치에 작성한다. 프로그램을 다운로드하여 DC 모터가 회전하는 것을 확인한다. DC 모터를 구동하는 프로그램은 LED를 점멸하는 것과 프로그램 동작이 유사하다.

```
int motorPin = 3;                        // 모터 연결 핀을 정의한다.

void setup()
{
    pinMode(motorPin, OUTPUT);           // 모터 연결 핀을 출력으로 설정한다.
}

void loop()
{
    // 듀티 비 50%, PWM 방식으로 모터를 구동한다.
    digitalWrite(motorPin, HIGH);        // 모터 연결 핀에 5V를 출력한다.
    delay(10);                           // 10ms 시간 지연한다.

    digitalWrite(motorPin, LOW);         // 모터 연결 핀에 0V를 출력한다.
    delay(10);                           // 10ms 시간 지연한다.
}
```

10-4 DC 모터 저속 회전

프로그램을 변경해 보자. 루프 함수의 시간 지연의 값을 변화시키는 것에 의해 듀티 비를 조절할 수 있다.

다음과 같이 시간 지연 값을 변화시킴에 따라 모터의 속도가 변화되는 것을 확인한다. 지연 시간의 조절에 의해 듀티 비가 20%로 다운되었으며, 이에 따라 DC 모터는 저속 회전하는 것을 볼 수 있다. 모터의 특성에 따라 지연 시간 값은 약간의 변동이 있을 수 있다.

LED 점멸 실습에서는 지연 시간의 값을 500ms 정도로 지정하였으나, 모터 구동에서는 지연 시간 값이 작은 것은 FND 점멸에서와 비슷한 이유 때문이다. 지연 시간을 LED에서와 같이 길게 하면 모터가 고속 회전하였다가 멈추고, 다시 고속 회전하였다가 멈추는 동작을 하게 되어 우리가 원하는 동작을 하지 않게 된다.

```
int motorPin = 3;                      // 모터 연결 핀을 정의한다.

void setup()
{
    pinMode(motorPin, OUTPUT);         // 모터 연결 핀을 출력으로 설정한다.
}

void loop()
{
    digitalWrite(motorPin, HIGH);      // 모터 연결 핀에 5V를 출력한다.
    delay(40);                         // 20ms 시간 지연한다.

    digitalWrite(motorPin, LOW);       // 모터 연결 핀에 0V를 출력한다.
    delay(160);                        // 180ms 시간 지연한다.
}
```

10-5 가변저항에 의한 DC 모터 속도 조정

그림 10-5와 같이 가변저항을 인가하여 아날로그 변환 값에 따라 모터의 속도를 조절해 보자.

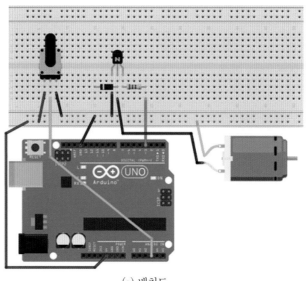

(a) 배치도

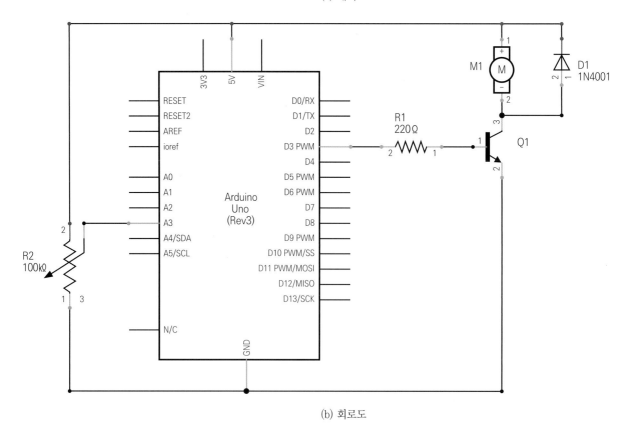

(b) 회로도

그림 10-4 DC 모터 속도 조절회로

　　가변저항에 의한 아날로그 값을 A/D 변환하고 그 값을 이용하여 모터의 속도를 조절하도록 한다. 다음과 같은 프로그램을 스케치에 작성한다.

```
int motorPin = 3;                          // 모터 연결 핀을 정의한다.

void setup()
{
    pinMode(motorPin, OUTPUT);             // 모터 연결 핀을 출력으로 설정한다.
}

void loop()
{
    int reading = analogRead(A3);          // 아날로그 데이터를 읽어온다.

    digitalWrite(motorPin, HIGH);          // 읽어온 데이터만큼 HIGH를 유지한다.
    delay(reading);

    digitalWrite(motorPin, LOW);           // (255 - 읽어온 데이터)만큼 LOW
    delay(255-reading);

}
```

10-6　시리얼 모니터에 의한 DC 모터 속도 조정

　　시리얼 모니터에 0~255 사이의 값을 입력하여 모터의 속도를 조절해 보도록 하자. 다음과 같은 프로그램을 스케치에 작성한다.

```
int motorPin = 3;                          // 모터 연결 핀을 정의한다.

void setup()
{
    pinMode(motorPin, OUTPUT);             // 모터 연결 핀을 출력으로 설정한다.

    Serial.begin(9600);                    // 시리얼 통신을 초기화한다.
    Serial.println( "Speed 0 to 255" );    // 입력 범위를 화면에 표시한다.
}
```

```
void loop()
{
    if (Serial.available())                    // 시리얼 데이터가 있으면 실행한다.
    {
        int speed = Serial.parseInt();          // 시리얼 데이터를 저장한다.

        if (speed >= 0 && speed <= 255)
        {
            analogWrite(motorPin, speed);       // 시리얼 입력 데이터만큼 출력한다.
        }
    }
}
```

    업로드가 완료되면 시리얼 모니터에 제어하고 싶은 모터의 속도를 입력하라는 메시지가 뜨게 된다. 입력할 수 있는 값은 0에서 255까지이다.

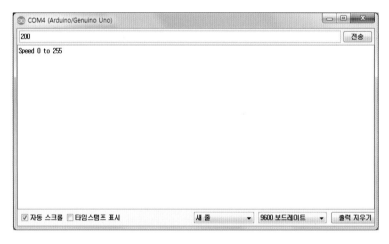

그림 10-5 시리얼 모니터 입력 상태

    loop 함수에서는 Serial.parseInt 함수가 시리얼 모니터에 입력된 숫자를 스트링 형태로 읽어 int 타입으로 변환한다. 시리얼 모니터 창에는 아무 숫자나 입력하여도 loop 함수 내의 if문에서 0~255 사이의 값만 analogwrite한다.

참고 사용된 함수

함수	설명
Serial.parseInt();	시리얼 모니터에 입력된 숫자를 스트링 형태로 읽어 int 타입으로 변환한다.

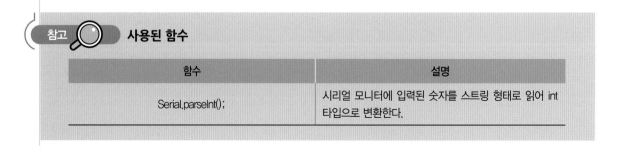

서보 모터

11-1 서보 모터의 특성

서보 모터는 로봇이나 드론과 같은 RC(Remote Control) 등에 많이 사용하는 구동장치이다. 이러한 서보 모터의 외형은 그림 11-1과 같다. 서보 모터는 3개의 리드 선을 가지고 있다. 보통 빨간색이 5V, GND는 검은색이나 갈색이다. 나머지 리드 선은 제어 선으로 보통 오렌지색이나 노란색을 띠고 있다.

그림 11-1 서보 모터의 외형

만약 서보가 오동작을 한다면, 서보에 너무 많은 전력을 끌어다 쓰기 때문일 수 있다. USB로 아두이노에 전원을 공급하는 경우에 이러한 현상이 발생할 수도 있다. 보통 모터가 움직이기 시작할 때, 즉 기동 시 전력을 많이 쓰기 때문에 이러한 기동 전류로 인해 아두이노 보드의 전압을 떨어뜨릴 수 있으며, 전압 다운으로 인해 아두이노 보드가 리셋될 수도 있다. 만약 이러한 현상이 발생한다면, $470\mu F$ 이상의 커패시터를 5V와 GND 사이에 인가하여 해결할 수 있다.

커패시터는 모터가 사용하는 전력 저장소와 같은 역할을 수행한다. 모터가 시작할 때 아두이노 전원뿐 아니라 커패시터에서 전기를 끌어다 쓸 수 있다. 커패시터는 긴 다리가 양극이며 이 리드 선이 5V에 연결되어야 한다. 음극 리드 선은 보통 커패시터 외면에 흰색으로 표시된 '−' 심벌로 구분된다.

서보 모터의 위치는 그림 11-2와 같이 펄스의 길이에 따라서 움직인다. 서보 모터는 매 20ms마다 펄스를 받는다. 만약 이 펄스가 1ms 동안 HIGH이면 각도는 0이며, 1.5ms 동안 HIGH이면 중간 위치에 위치하게 된다. 펄스가 2ms인 경우는 각도는 180도가 되게 된다.

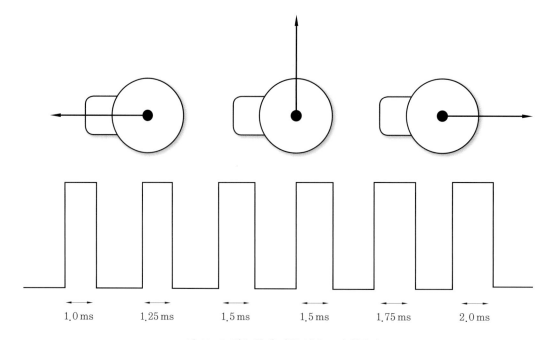

그림 11-2 펄스 폭에 따른 서보 모터 회전각

11-2 서보 모터의 구동

다음 그림 11-3과 같이 아두이노와 DC 서보 모터를 연결한다. 제어 선은 디지털 핀 9번에 연결한다.

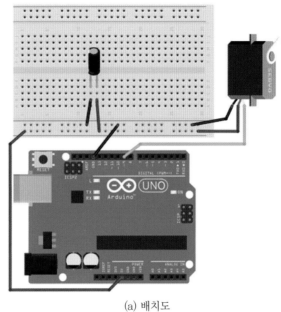

(a) 배치도

(b) 회로도

그림 11-3 서보 모터 구동회로

서보 모터를 구동하는 프로그램을 작성해 보자.

아두이노에서는 서보 모터 사용을 위해 서보 라이브러리를 제공한다. 메뉴에서 스케치 → 라이브러리 포함하기 → Servo를 선택한다. 다른 방법으로 include 문을 사용하여 다음 프로그램과 같이 직접 입력할 수도 있다. 라이브러리를 추가하는 방법에 대해서는 앞에서 실습한 6장이나 9장의 내용을 참고한다.

프로그램을 다음과 같이 스케치에 입력한다.

```
#include <Servo.h>                    // 서보 라이브러리를 지정한다.

#define servoPin 9                    // 서보 모터 핀을 지정한다.

Servo servo;                          // 서보 라이브러리 변수를 초기화한다.

int pos=0;                            // 현재 각도를 저장할 변수를 지정한다.

void setup()
{
    servo.attach(servoPin);           // 서보 모터 핀을 설정한다.
}

void loop()
{
    for(pos = 0; pos < 120; pos +=1)
    {
        servo.write(pos);             // 서보 모터의 각도를 변경한다.

        // 서보 모터의 각도가 변하는 것을 기다린다. 0.015초 시간 지연한다.
        delay(15);
}
```

11-3　서보 모터의 정 · 역회전

　　다음과 같은 프로그램을 스케치에 입력한다. 아두이노에 프로그램을 다운로드하여 서보가 한 방향으로 돌다가 다른 방향으로 다시 도는 것을 확인해 보자.

```
#include <Servo.h>              // 서보 라이브러리를 지정한다.

int servoPin = 9;              // 서보 모터 핀을 지정한다.
Servo servo;
int angle = 0;                 // 서보 위치를 정의한다.

void setup()
{
    servo.attach(servoPin);    // 서보 모터 핀을 설정한다.
}

void loop()
{
    // 0~180도까지 스캔한다.
    for(angle = 0; angle < 180; angle++)
    {
        servo.write(angle);    // 지정된 각도로 서보 모터를 회전시킨다.
        delay(15);
    }

    // 180~0도까지 스캔한다.
    for(angle = 180; angle > 0; angle--)
    {
        servo.write(angle);
        delay(15);
    }
}
```

　　프로그램 내용을 살펴보자. 서보 모터는 펄스에 의해 제어되어 사용하기 간편하다. 서보 모터 전용의 아두이노 라이브러리가 있어 서보 모터에게 단지 동작할 각도를 알려주기만 하면 된다. 다음과 같이 라이브러리 파일을 추가하는 것에 의해 아두이노 IDE에게 서보 라이브러리를 사용한다는 것을 알려준다.

```
#include <Servo.h>
```

서보를 제어하기 위해 servoPin이라는 이름의 변수를 정의하고, Servo타입 servo변수를 정의한다.

```
Servo servo;
```

Servo는 라이브러리에서 제공하는 변수 타입으로 서보 모터 사용 시에 정의한다. 8개까지의 서보를 정의할 수 있으며, 만약 두 개의 서보를 사용한다면 아래와 같이 정의한다.

```
Servo servo 1;
Servo servo 2;
```

servo변수에게는 다음과 같은 servo.attach 함수를 사용하여 제어할 서보의 제어 핀이 어떤 핀인지를 알려준다.

```
servo.attach(servoPin);
```

변수 angle은 서보의 현재 각도를 저장하기 위해 사용된다. loop 함수에서 두 개의 for loop를 사용하고 있다. 첫 번째 for 루프에서 각도를 한 방향으로 180도까지 증가시키고, 다음 for 루프에서는 반대방향으로 움직이게 한다. 서보 모터에게 파라미터로 들어온 각도로 위치를 업데이트하는 명령은 다음과 같이 사용된다.

```
servo.write(angle);
```

11-4 가변저항 입력에 따른 서보 모터 구동

구성된 회로에 가변저항을 삽입한다. 퍼텐셔미터를 돌려 서보의 위치를 조절할 수 있다. 퍼텐셔미터의 슬라이더 리드를 아두이노의 A3에 연결한다.

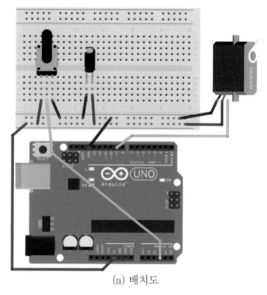

(a) 배치도

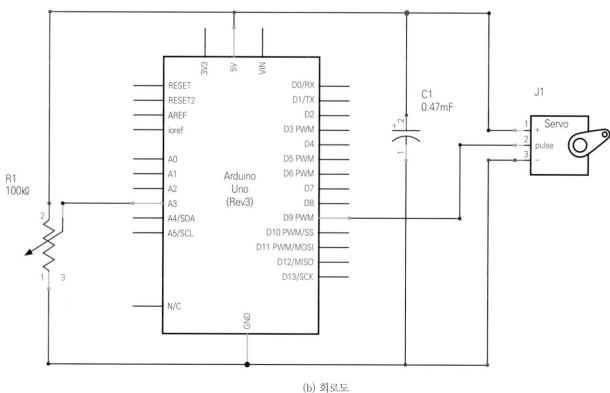

(b) 회로도

그림 11-4 가변저항에 의한 서보 모터 구동회로

다음과 같은 프로그램을 스케치에 입력한다. 아두이노에 프로그램을 다운로드하고 가변저항을 돌렸을 때 서보 모터가 회전하는지 확인하도록 한다.

```
#include <Servo.h>                          // 서보 라이브러리를 지정한다.

int potPin = A3;                            // 가변저항 핀을 지정한다.
int servoPin = 9;                           // 서보 모터 핀을 지정한다.
Servo servo;

void setup()
{
    servo.attach(servoPin);                 // 서보 모터 핀을 설정한다.
}

void loop()
{
    int reading = analogRead(potPin);       // 가변저항의 A/D 변환 값을 읽는다.
                                            // 변환 값은 0~1023 사이의 값을 갖는다.
    int angle = reading / 6;                // 0~180deg의 값으로 변환시킨다..
    servo.write(angle);                     // 지정된 각도로 서보 모터를 회전시킨다.
    delay(15);
}
```

서보의 위치를 설정하기 위해 가변저항으로부터 나오는 아날로그 값을 A3핀으로 부터 analogRead 함수를 통하여 읽어들인다. 읽어들인 값은 10비트 A/D 변환 값이므로 0에서 1023의 값이 읽히게 된다. 읽어들인 값에 따라 모터를 회전시킨다.

11-5 시리얼 모니터에 의한 서보 모터 구동

시리얼 모니터로 값을 입력하면 그 값에 해당하는 만큼 각도를 변경시키도록 프로그램을 변경해 보자. 다음과 같은 프로그램을 스케치에 입력하고, 아두이노에 다운로드하여 컴퓨터에서 입력한 값에 따라 모터가 회전을 수행하는지 확인한다.

```
#include <Servo.h>                       // 서보 라이브러리를 지정한다.
int servoPin = 9;                        // 서보 모터 핀을 지정한다.
Servo servo;

void setup()
{
    servo.attach(servoPin);              // 서보 모터 핀을 설정한다.

    Serial.begin(9600);                  // 시리얼 통신을 초기화한다.
    Serial.println( "Speed 0 to 255" );  // 입력 범위를 화면에 표시한다.
}

void loop()
{
    if (Serial.available())              // 시리얼 데이터가 있으면 실행한다.
    {
        int angle = Serial.parseInt();   // 시리얼 데이터를 저장한다.
        servo.write(angle);              // 지정된 각도로 서보 모터를 회전시킨다.
        delay(15);
    }
}
```

참고 🔍 **사용된 함수**

함수	설명
servo.attach(핀 번호);	해당 핀에 서보 모터를 연결하고 인식한다.
servo.write(각도);	해당 각도만큼 서보 모터를 회전시킨다.

Chapter 12

ARDUINO

스테핑 모터

12-1 스테핑 모터의 특성

스테핑 모터는 DC 전압이나 전류를 모터의 각 상 단자에 펄스 형태로 입력시켜 줌으로써 일정한 각도를 회전하게 하는 모터로서, DC 모터와 서보 모터의 중간쯤 되는 성질을 가지고 있다. 정교하게 위치를 조절할 수 있고, 앞뒤 방향으로 한 번에 한 스텝 단위로 움직일 수 있다. 일반적인 서보 모터가 180도만 회전하는 것과는 달리 끊임없이 회전할 수 있다.

스테핑 모터는 제조사에서 제작되어 나올 때부터 스텝 각이 고정되어 있어, 한 번에 한 스텝씩 움직이게 만들어져 있다. 일반적으로 사용되는 스테핑 모터의 스텝 각은 0.9도나 1.8도를 많이 사용한다.

기본적인 구조는 그림 12-1과 같다.

(a) 외형   (b) 연결 형태

그림 12-1 스테핑 모터의 기본 구조

스테핑 모터를 구동하려면 사용하려는 모터는 몇 상 모터인가, 어떤 여자 방식을 이용하여 동작시킬 것인가를 고려하여야 한다. 또한 모터를 구성하고 있는 권선 수에 따라 한 펄스당 회전하는 회전각이 달라진다. 스테핑 모터의 회전은 A, /A, B, /B상을 연속적으로 인가하면 모터가 회전한다. 스텝 각이 1.8도인 모터에 펄스를 100개 인가하면 모터는 180도 회전한다.

12-2 스테핑 모터 구동회로

아두이노와 L293D 모터 드라이버 칩을 이용하여 스테핑 모터의 회전각을 제어해 보도록 한다. 스테핑 모터는 6개의 리드 선을 가지고 있다. A, /A, B, /B상을 입력하기 위한 리드 선 4개와 각각의 상에 대한 공통 선 2개가 있다. 다음 그림 12-2와 같이 하드웨어를 구성한다.

스테핑 모터를 구동할 때 모터가 움찔하면서 움직이지 않는 경우가 발생할 수도 있다. 이런 현상은 배선의 연결이 잘못되었거나, 각 상에 대한 펄스 입력 순서를 잘못 구성한 경우에 발생한다. 스테핑 모터를 여자할 때 정방향, 역방향 여자 펄스가 잘못된 순서로 인가되어 모터가 정회전, 역회전, 정회전을 반복하면서 발생한다.

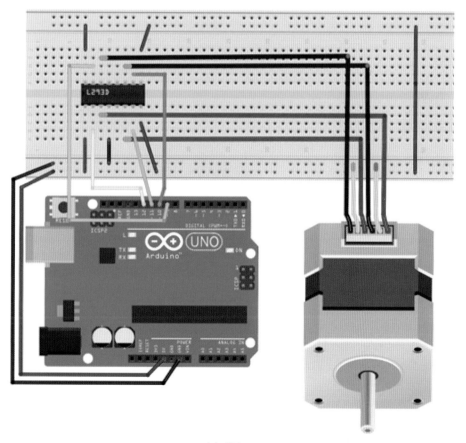

(a) 배치도

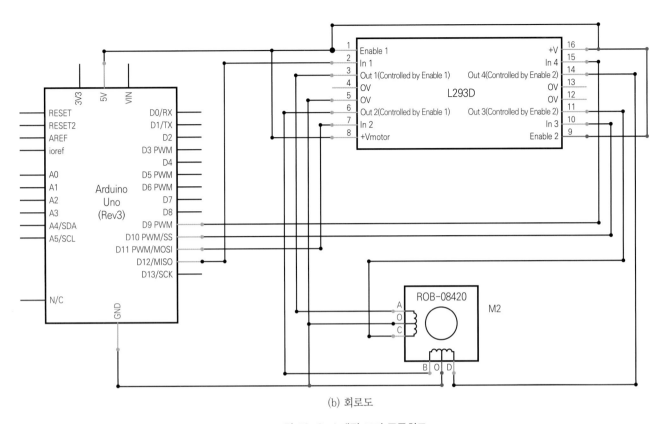

(b) 회로도

그림 12-2 스테핑 모터 구동회로

12-3 | 스테핑 모터 구동하기

스테핑 모터를 구동해 보도록 하자. 아두이노에서는 스테핑 모터에 대한 라이브러리를 제공하므
로 손쉽게 프로그램을 작성할 수 있다. 메뉴에서 스케치 → 라이브러리 포함하기 → Stepper를 선택
한다. 다른 방법으로 include 문을 사용하여 다음 프로그램과 같이 직접 입력할 수도 있다.

```
#include <Stepper.h>              // 스테핑 모터 라이브러리를 정의한다.

int in1Pin = 12;                  // [A]상을 정의한다.
int in2Pin = 11;                  // [B]상을 정의한다.
int in3Pin = 10;                  // [/A]상을 정의한다.
int in4Pin = 9;                   // [/B]상을 정의한다.

Stepper motor(200, in1Pin, in2Pin, in3Pin, in4Pin); // 스테핑 모터 세팅 값

void setup()
```

```
{
    pinMode(in1Pin, OUTPUT);          // [A]상을 출력으로 지정한다.
    pinMode(in2Pin, OUTPUT);          // [B]상을 출력으로 지정한다.
    pinMode(in3Pin, OUTPUT);          // [/A]상을 출력으로 지정한다.
    pinMode(in4Pin, OUTPUT);          // [/B]상을 출력으로 지정한다.
    motor.setSpeed(20);
}

void loop()
{
    int steps = 200;                  // 스텝 수를 지정한다.
    motor.step(steps);                // 지정된 스텝만큼 모터를 구동한다.
}
```

프로그램을 살펴보자. 프로그램 처음 부분에는 스테핑 모터를 지원하는 아두이노 라이브러리가 있다. 이 라이브러리 덕분에 스테핑 모터를 쉽게 사용할 수 있다.

```
#include <Stepper.h>
```

Stepper.h를 include한 뒤에 in1부터 in4까지 정의되었다. 스테핑 모터는 한 번에 한 스텝만 움직여서 정교한 위치제어가 가능하다는 장점을 갖고 있다.

```
Stepper motor(200, in1Pin, in2Pin, in3Pin, in4Pin);
```

프로그램 다음 부분에는 Stepper motor 함수를 사용하여 스테핑 모터를 구동하도록 하는 설정 값을 지정하도록 되어 있다. 첫 번째 파라미터는 모터가 움직일 스텝 수이다. 스테핑 모터는 한 번에 한 스텝만 움직여서 정교한 위치제어가 가능하다는 장점을 갖고 있다. 200은 스테핑 모터를 구동하는데 걸리는 스텝 수이며, 실습에 사용된 모터의 스텝 각이 1.8deg이므로 1회전, 즉 360도 회전하기 위해서는 200개의 펄스가 필요하게 된다. 각자 실습에 사용되어진 모터의 데이터 시트를 보고 적절한 값을 지정해주도록 한다.

12-4　시리얼 모니터에 의한 스테핑 모터 구동

이제 시리얼 모니터를 사용하여 스테핑 모터를 구동해 보도록 하자. 스케치에 프로그램을 입력하고, 아두이노에 다운로드한 후 동작을 확인해 보자. 시리얼 모니터를 실행시키면, 스테핑 모터를 동작시킬 스텝 수를 입력해 주어야 한다. 200 정도를 입력하면 모터가 대략 360도 정도 회전한다. −200을 입력하면 모터가 역방향으로 회전하여 원래 자리로 되돌아 올 것이다.

```
#include <Stepper.h>                    // 스테핑 모터 라이브러리를 정의한다.

int in1Pin = 12;                        // [A]상을 정의한다.
int in2Pin = 11;                        // [B]상을 정의한다.
int in3Pin = 10;                        // [/A]상을 정의한다.
int in4Pin = 9;                         // [/B]상을 정의한다.

Stepper motor(768, in1Pin, in2Pin, in3Pin, in4Pin); // 스테핑 모터 세팅 값

void setup()
{
    pinMode(in1Pin, OUTPUT);            // [A]상을 출력으로 지정한다.
    pinMode(in2Pin, OUTPUT);            // [B]상을 출력으로 지정한다.
    pinMode(in3Pin, OUTPUT);            // [/A]상을 출력으로 지정한다.
    pinMode(in4Pin, OUTPUT);            // [/B]상을 출력으로 지정한다.

    Serial.begin(9600);                 // 시리얼 통신을 9600bps로 초기화한다.
    motor.setSpeed(20);                 // 모터 속도 세팅
}

void loop()
{
    if (Serial.available())             // 시리얼 데이터가 있으면 실행한다.
    {
        int steps = Serial.parseInt();  // 스텝 수를 받아들인다.
        motor.step(steps);              // 스테핑 모터를 회전한다.
    }
}
```

    셋업 함수를 살펴보자. 시리얼 통신이 시작되고, 아두이노는 시리얼 모니터를 통하여 명령을 받을 수 있는 상태가 된다. 마지막으로 아래의 명령을 통해 모터가 돌아가는 속도를 정해준다. motor. setSpeed 함수는 rpm(Revolution per minute, 분당 회전수)로 스테핑 모터의 회전속도를 지정하도록 한다.

```
motor.setSpeed(10);
```

    루프 함수는 시리얼 모니터로부터 들어오는 명령을 기다리다가 들어오는 텍스트를 숫자로 변환하여 모터가 얼마나 돌지 명령하는 내용으로 구성된다.

 사용된 함수

명령	설명
Stepper motor(1회전 스텝 수, in1, in2, in3, in4);	스테핑 모터가 1회전하기 위한 스텝 수, 4개의 입력 핀을 지정한다.
motor.setSpeed(회전속도);	rpm 단위로 스테핑 모터의 회전 속도를 지정한다.
motor.step(스텝 수);	스텝 수만큼 스테핑 모터를 회전시킨다.

센서 사용하기 Ⅰ

13-1 온도 센서 인터페이스 회로

(1) 온도 센서의 특징

온도 센서는 온도에 따라 출력이 변화하는 특성을 갖는다. 일반적으로 온도를 측정하는데 사용하는 센서는 서미스터(thermistor)를 많이 사용한다. 서미스터는 열(thermal)이라는 단어와 저항(resistor)이라는 단어가 결합되어 생성된 단어이다. 서미스터는 온도에 따라 저항 값이 변화하는 소자이다. 서미스터의 온도계수는 보통 온도가 올라가면 저항 값이 낮아지는 부(-)의 온도계수 (NTC : Negative Temperature Coefficient)를 가지며, 통신기용, 계측용, 여러 분야의 온도 제어를 위한 온도 보상용으로 사용한다.

그림 13-1 서미스터 외형

근래에 들어와 반도체 기술의 발전으로 온도에 따라 출력되는 전압이 변하는 특성을 가진 반도체 온도 센서를 많이 사용하고 있다. 이러한 온도 센서 LM35DZ의 외형은 그림 13-2(a)와 같으며, 그림 13-2(b)에 핀 맵을 표시하였다. 이러한 온도 센서 LM35는 섭씨온도에 비례하여 전압이 출력되므로 사용이 간편하다는 장점을 갖는다. LM35 온도 센서는 표면에 접착되어 표면온도나 공기의 온도를 측정하는데 흔히 사용되고 있다. LM35 온도 센서는 2~150℃ 범위의 온도를 측정할 수 있다. 출력전압은 –1~6V의 값을 가지며, 출력 특성은 1℃에 10mV씩 증가한다.

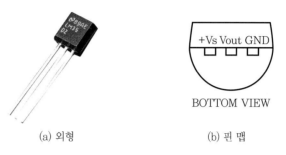

(a) 외형   (b) 핀 맵

그림 13-2 온도 센서 LM35DZ

(2) 온도 센서 인터페이스 회로

다음과 같이 아두이노와 온도 센서를 연결한다.

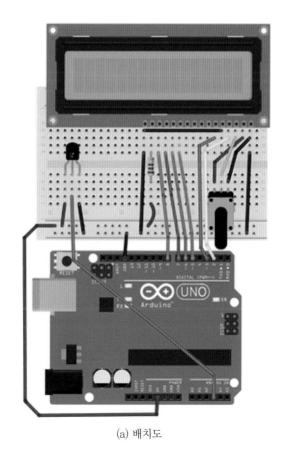

(a) 배치도

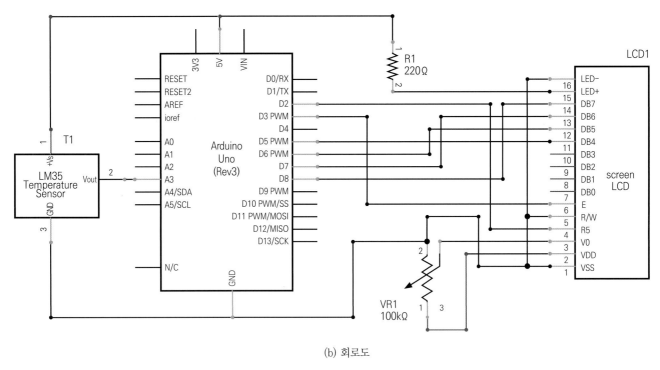

(b) 회로도

그림 13-3 온도 센서 인터페이스 회로

(3) 시리얼 모니터에 온도 표시하기

다음과 같은 프로그램을 스케치에 작성한다. 프로그램을 아두이노에 다운로드하고 온도 센서를 손가락으로 집어 체온으로 인한 온도 값의 변화가 시리얼 모니터에 표시되는 것을 확인해 보자.

```
int tempPin = A3;                          // A/D 변환 핀을 지정한다.

float input_voltage;                        // 입력 전압을 정의한다.
float temperature;                          // 온도 값을 정의한다.

void setup()
{
    Serial.begin(9600);                     // 시리얼 통신을 초기화한다.
}

void loop()
{
    // 온도 센서의 측정값을 A/D 변환하여 그 데이터를 읽어온다.
    int reading = analogRead(tempPin );

    // A/D 변환 데이터를 전압 값으로 변환
    input_voltage = 5.0 * reading  / 1023.0;
```

```
    // 현재 온도를 계산한다.
    temperature = input_voltage * 100.0;

    // 시리얼 모니터로 전송한다.
    Serial.println(temperature);
    delay(1000);
}
```

(4) LCD에 온도 표시하기

다음과 같은 프로그램을 스케치에 작성한다. 프로그램을 업로드하고 온도 센서에 손가락을 대어 값의 변화가 LCD에 표시되는 것을 확인한다.

```
#include <LiquidCrystal.h>

int tempPin = A3;                            // A/D 변환 핀을 지정한다.

// RS E D4 D5 D6 D7
LiquidCrystal lcd(2, 3, 5, 6, 7, 8);         // LCD 핀을 지정한다.

void setup()
{
    lcd.begin(16, 2);
    lcd.clear();                             // LCD를 클리어 한다.
}

void loop()
{
    // 온도 센서의 측정값을 A/D 변환하여 그 데이터를 읽어온다.
    int tempReading = analogRead(tempPin);

    // 온도 센서의 측정값을 전압으로 환산한다.
    float tempVolts = tempReading * 5.0 / 1024.0;

    // 온도 측정값을 섭씨와 화씨로 환산한다.
    float tempC = (tempVolts - 0.5) * 100.0;     // 섭씨
    float tempF = tempC * 9.0 / 5.0 + 32.0;      // 화씨

    // LCD에 출력한다.
    lcd.print( "Temp C" );                       // 섭씨 제목을 표시한다.
```

```
        lcd.setCursor(6, 0);                    // 커서의 위치를 지정한다.
        lcd.print(tempC);                       // 섭씨온도를 LCD에 표시한다.

        // 텍스트가 위치할 커서의 위치를 설정한다. 0행 1열
        lcd.setCursor(0, 1);
        lcd.print( "Temp F" );                  // 화씨 제목을 표시한다.
        lcd.setCursor(6, 1);                    // 커서의 위치를 지정한다.
        lcd.print(tempF);                       // 화씨온도를 LCD에 표시한다.

        delay(500);
}
```

루프 함수를 보면 온도 센서로 부터 나오는 아날로그 값을 실제 온도로 변환하는 부분과 그 값을 디스플레이하는 부분이 있다. 먼저 온도를 계산하는 부분을 살펴보도록 한다.

```
        int tempReading = analogRead(tempPin);
        float tempVolts = tempReading * 5.0 / 1023.0;
        float tempC = (tempVolts - 0.5) * 100.0;
        float tempF = tempC * 9.0 / 5.0 + 32.0;
```

analogRead( ) 함수에 의해 읽혀진 tempPin의 아날로그 입력은 0~1023의 값을 갖는다. 이 값은 0~5V의 값을 구하기 위해 5를 곱한 후 1023으로 나누게 된다. LM35에서 오는 전압을 온도(℃)로 변환하기 위해 0.5V를 측정값에서 뺀 뒤 100을 곱한다. 계속 변하는 숫자를 LCD에 디스플레이할 때는 이전에 썼던 숫자가 이후에도 남아있는 것을 방지하기 위해 전체 LCD화면을 다시 써 주어야 한다.

```
        lcd.print( "Temp F" );
        lcd.setCursor(6, 0);
        lcd.print(tempF);
```

(5) I2C모듈을 이용한 LCD에 온도 표시하기

IIC/I2C Serial Interface 모듈(FC-113)을 이용한 LCD에 온도를 표시하고자 할 경우에는 다음과 같이 연결한다. 자세한 사항은 7장 내용을 참고한다.

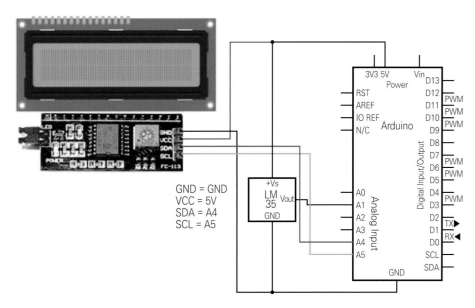

그림 13-4 I2C 모듈을 이용한 LCD에 온도 표시 회로

```
#include <LCD.h>
#include <LiquidCrystal_I2C.h>

LiquidCrystal_I2C  lcd(0x27,2,1,0,4,5,6,7);

int tempPin = A1;               // A/D 변환 핀을 지정한다.
void setup( )
{
    lcd.begin(16, 2);          // LCD는 16 chars, 2 lines 로 정의
    lcd.setBacklightPin(3,POSITIVE);
    lcd.setBacklight(HIGH);
    lcd.clear();
}
void loop( )
{
    // 온도 센서의 측정값을 A/D 변환하여 그 데이터를 읽어온다.
    int tempReading = analogRead(tempPin);

    // 온도 센서의 측정값을 전압으로 환산한다.
    float tempVolts = tempReading * 5.0 / 1023.0;

    // 온도 측정값을 섭씨와 화씨로 환산한다.
    float tempC = tempVolts * 100.0;              // 섭씨
    float tempF = (tempC * 9.0 / 5.0) + 32.0;   // 화씨

    // LCD에 출력한다.
```

```
        lcd.setCursor(0, 0);
        lcd.print( "Temp C" );            // 섭씨 제목을 표시한다.
        lcd.setCursor(7, 0);              // 커서의 위치를 지정한다.
        lcd.print(tempC);                 // 섭씨온도를 LCD에 표시한다.


        // 텍스트가 위치할 커서의 위치를 설정한다.
        lcd.setCursor(0, 1);
        lcd.print( "Temp F" );            // 화씨 제목을 표시한다.
        lcd.setCursor(7, 1);              // 커서의 위치를 지정한다.
        lcd.print(tempF);                 // 화씨온도를 LCD에 표시한다.
        delay(1000);
}
```

13-2 광센서 인터페이스 회로

(1) 광센서의 특징

광센서는 광 에너지를 전기신호로 변환하는 일종의 변환기라고 할 수 있다. 물질이 광 에너지를 흡수하여 그 결과 전자를 방출하는 현상을 광전효과라 한다. 광센서의 검출 대상은 눈에 보이는 가시광선을 비롯하여 눈으로 볼 수 없는 자외선, 적외선 등이 있다.

빛의 양에 따라 특성이 변화하는 소자에는 포토레지스터, 포토다이오드, 포토트랜지스터 등이 있다. 빛의 양에 따라 저항 값이 변화는 소자가 포토레지스터이며, 많이 사용되는 것이 광도전 소자, 광도전 셀 또는 조도 센서라고도 불리는 CdS(황화카드뮴) 광센서이다. 카드뮴(Cd)과 황(S)을 화합하여 만들어지며, 카메라의 노출계, 조도계, 가로등 점멸기, 복사기의 토너 밀도 측정 등에 응용되어지고 있다. 이러한 CdS 광센서의 외형과 특성 곡선은 다음 그림과 같다.

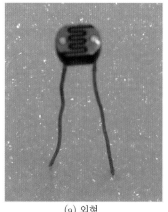

(a) 외형

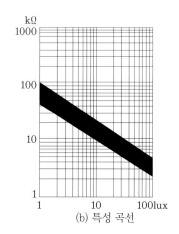

(b) 특성 곡선

그림 13-5 CdS 광센서

(2) 광센서 인터페이스 회로

다음 그림과 같이 아두이노와 조도 센서를 연결한다.

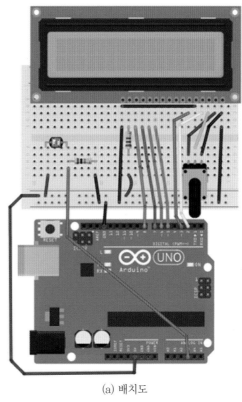

(a) 배치도

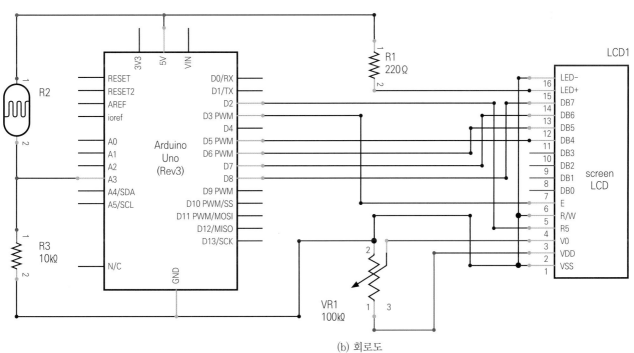

(b) 회로도

그림 13-6 광센서 인터페이스 회로

(3) 시리얼 모니터로 광센서 측정값 표시하기

다음과 같은 프로그램을 스케치에 입력한다. 프로그램을 아두이노에 다운로드하고, 광센서를 손바닥으로 가려서 어둡게 하였을 때와 그렇지 않았을 때의 저항 값을 시리얼 모니터에 출력하고 그 값을 비교해 보도록 하자.

```
int light_pin = A3;

void setup()
{
    Serial.begin(9600);
}

void loop()
{
    int light_reading = analogRead(light_pin);

    Serial.println(light_reading);
    delay(500);
}
```

(4) 광센서 측정값을 LCD에 표시하기

광센서의 측정값을 LCD로 전송하여 화면에 디스플레이 하도록 한다. 다음과 같은 프로그램을 스케치에 입력한다. 프로그램을 아두이노에 다운로드하고, 광센서를 손바닥으로 가려서 어둡게 하였을 때와 그렇지 않았을 때의 저항 값을 LCD에 출력하고 그 값을 비교해 보도록 하자.

```
#include <LiquidCrystal.h>

int light_pin = A3;                          // 조도 센서 입력 핀을 정의한다.

// BS E D4 D5 D6 D7
LiquidCrystal lcd(2, 3, 5, 6, 7, 8);         // LCD 입력 핀을 정의한다.

void setup()
{
    lcd.begin(16, 2);                        // LCD를 16×2로 정의한다.
    lcd.clear();                             // LCD를 클리어한다.
}

void loop()
```

```
{
        // 조도 센서의 측정값을 A/D 변환하여 그 데이터를 읽어온다.
        int light_reading = analogRead(light_pin);

        lcd.setCursor(0, 1);
        lcd.print( "Light" );
        lcd.setCursor(6, 1);
        lcd.print(light_reading);
        delay(500);
}
```

(5) 광센서 응용회로 – 홈 오토메이션

어두워지면 자동으로 커튼을 닫고 조명을 점등하는, 아침이 밝아오면 커튼을 열고 조명을 끄는 홈 오토메이션 시스템(home automation system)을 생각해 보자. 커튼을 열고 닫기 위해 모터를 연결하고, 조명으로 LED를 연결한다.

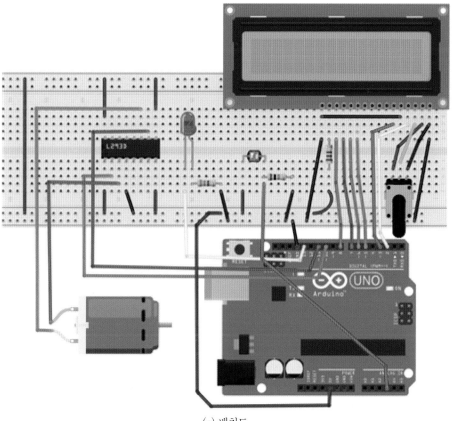

(a) 배치도

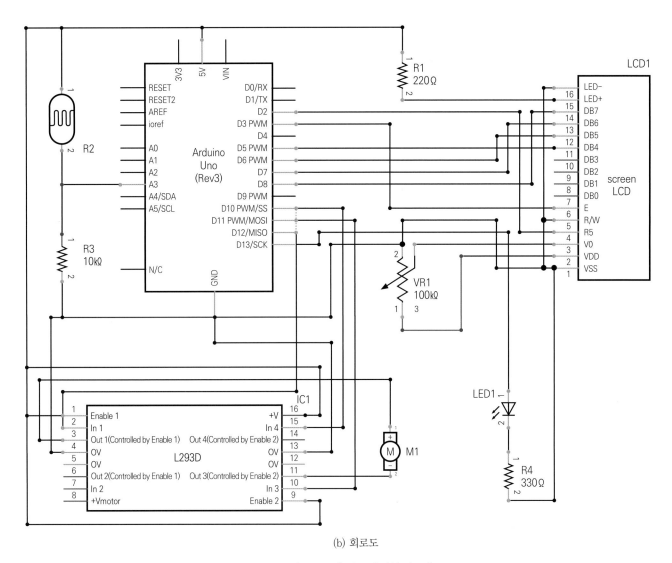

(b) 회로도

그림 13-7 홈 오토메이션 시스템

다음과 같은 프로그램을 스케치에 입력하고 컴파일한 후 아두이노에 다운로드하여 손바닥으로 광센서를 가렸다 떼었다 하며 동작을 확인해 보자. 프로그램에서 threshold_value의 값은 광센서를 가렸을 때의 감지되는 값과 가리지 않았을 때 감지되는 값 사이의 중간 값을 선택한다.

```
int threshold_value = 500;        // 밤낮을 판단하는 기준 값
int light_pin = A3;               // 조도 센서를 지정한다.
int led_pin = 13;                 // 조명을 지정한다.
int motor_left_pin = 10;          // 모터를 정회전시킨다.
int motor_right_pin = 11;         // 모터를 역회전시킨다.

void setup()
{
```

```
        Serial.begin(9600);                    // 시리얼 모니터를 초기화한다.
        pinMode(led_pin, OUTPUT);              // LED를 출력으로 초기화한다.
        pinMode(motor_left_pin, OUTPUT);       // 모터의 정회전 출력 핀을 초기화한다.
        pinMode(motor_right_pin, OUTPUT);      // 모터의 역회전 출력 핀을 초기화한다.
}

void loop()
{
    int light_reading = analogRead(light_pin);     // 광센서 값을 읽어들인다.

    if(light_reading < threshold_value)            // 주위가 어두워지면
    {
        digitalWrite(led_pin, HIGH);               // LED를 점등한다.

        int ch=1;
        do
        {
            // 모터를 PWM 방식으로 일정시간 정회전시킨다.
            digitalWrite(motor_left_pin, HIGH);
            delay(10);
            digitalWrite(motor_left_pin, LOW);
            delay(90);

            // 일정시간 구동한다.
            ch++;
            // 변수 값을 초기화하고 do~while문을 빠져나간다.
            if(ch==30000) ch=0;
        }while(ch);

        // 광센서 값과 메시지를 출력한다.
        Serial.println(String(light_reading)+" Curtain Close & LED ON" );
    }
    else
    {
        digitalWrite(led_pin, LOW);     // LED를 소등한다.

        int ch=1;
        do
        {
            // 모터를 PWM 방식으로 일정시간 역회전시킨다.
            digitalWrite(motor_right_pin, HIGH);
```

```
                    delay(10);
                    digitalWrite(motor_right_pin, LOW);
                    delay(90);

                    // 일정시간 구동한다.
                    ch++;

                    // 변수 값을 초기화하고 do~while문을 빠져나간다.
                    if(ch==30000) ch=0;
            }while(ch);

            // 광센서 값과 메시지를 출력한다.
            Serial.println(String(light_reading)+ "Curtain Open & LED OFF" );
        }
    Serial.println(light_reading);
    delay(500);
}
```

(6) 포토 인터럽트

포토 인터럽트 또는 광 인터럽트 센서(OID : Optical Interrupt Device)는 센서 내부에 고출력 적외선 발광 다이오드와 고감도 포토트랜지스터가 일정 간격을 두고 마주보게 하여 수발광 소자 사이의 물체 유무나 위상의 변위 등을 검출하는 역할을 수행한다. 복사기나 프린터의 용지 검출 등의 용도로 사용한다.

포토 인터럽트 스위치의 외형은 그림 13-8과 같다.

그림 13-8 포토 인터럽트 외형

포토 인터럽트의 내부 구조는 그림 13-9와 같다.

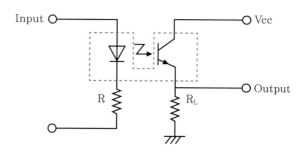

그림 13-9 포토 인터럽트 내부 구조

포토 인터럽트 상단에 LED 표시가 되어 있어 좌우 구별을 할 수 있도록 되어 있다. 회로도상으로는 입력 단자와 Vcc 단자가 마주보는 상태로 되어 있으나 실제 하드웨어 상으로는 Vcc 단자가 하단에 위치하고 있어 회로 결선 시 유의해야 한다. R은 330Ω, RL은 10kΩ을 사용한다.

포토 인터럽트의 입력 상태에 따라 LED를 점멸하는 동작을 수행하고자 한다. 다음과 같은 프로그램을 스케치에 입력한다. 아두이노에 프로그램을 다운로드하고 그 동작을 확인하도록 하자.

```
int ledPin = 13;                        // LED 연결 핀 지정
int inPin = 7;                          // 포토 인터럽트 연결 핀 지정
int value = 0;

void setup()
{
     pinMode(ledPin, OUTPUT);           // LED를 출력으로 지정한다.
     pinMode(inPin, INPUT);             // 포토 인터럽트를 입력으로 지정한다.
}

void loop()
{
     value = digitalRead(inPin);        // 포토 인터럽트 입력을 체크한다.
     digitalWrite(ledPin, value);       // 인터럽트의 입력에 따라 LED를 점멸한다.
}
```

13-3 기울기 센서 인터페이스 회로

(1) 기울기 스위치

기울기 스위치는 물체의 경사도를 측정하는 센서이다. 센서 내부에 금속의 볼이 들어가 있어 일정 이상의 경사도가 되는 경우 볼이 굴러가 양단의 스위치를 작동시켜 경사를 측정하는 메커니즘을 갖고 있다. 경사에 따라 스위치를 on/off하는 개념이므로 동작은 푸시버튼 스위치와 동일하다고 할

수 있다. 이러한 기울기 스위치의 외형은 다음 그림과 같다.

그림 13-10 기울기 스위치 외형

이제 기울기 스위치를 사용하여 기울기에 따른 LED 점멸을 수행하도록 하자. 아두이노의 2번 핀에 기울기 스위치를 연결하고, 13번 핀에 LED를 연결한 후 브레드 보드를 기울여 기울기가 측정되어 LED가 점멸하는지 확인하도록 하자.

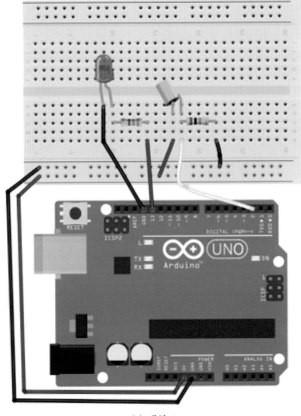

(a) 배치도

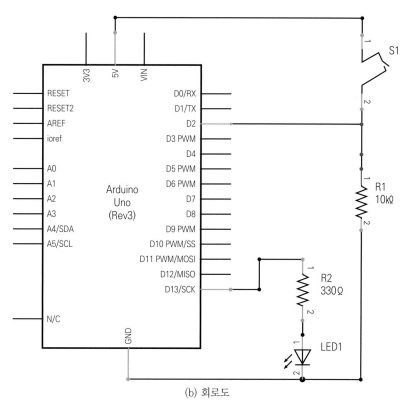

(b) 회로도

그림 13-11 기울기 스위치 구동회로

다음과 같은 프로그램을 스케치에 작성하자. 아두이노에 프로그램을 다운로드한 후 동작을 확인한다. 브레드 보드를 기울여 보고, 기울기에 따라 결과되어지는 LED의 점멸 상태를 확인한다.

```
int ledPin = 13;                        // LED 연결 핀 지정
int tilt = 2;                           // 기울기 스위치 연결 핀 지정

void setup()
{
    pinMode(ledPin, OUTPUT);            // LED를 출력으로 지정한다.
    pinMode(tilt, INPUT);               // 기울기 스위치를 입력으로 지정한다.
}

void loop()
{
    if(digitalRead(tilt) == HIGH)       // 기울기 스위치의 상태를 체크한다.
    {
        digitalWrite(ledPin, HIGH);
    }
    else
    {
```

```
        digitalWrite(ledPin, LOW);
    }

}
```

(2) 기울기 센서

　미세전자기계시스템(MEMS : Micro Electro Mechanical System) 기술의 발달로 관성 센서에 대한 제조가 쉬워졌기 때문에 저가의 관성 센서들이 많이 제조되어 실생활에 유용되고 있다. 기울기 센서는 ON/OFF 동작만 수행하는 기울기 스위치와는 달리 기울기에 비례한 출력전압을 나타낸다. 이러한 기울기 센서의 외형은 다음 그림과 같다.

그림 13-12　기울기 센서 외형

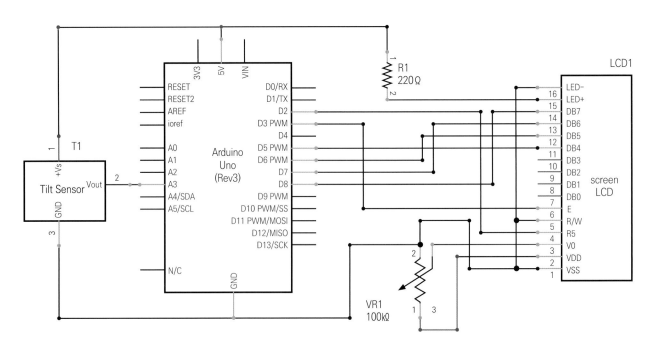

그림 13-13　기울기 센서 구동회로

　　이제 기울기 센서를 사용하여 기울기에 따른 A/D 변환 값을 LCD에 디스플레이 해보도록 하자. 아두이노의 A3번 핀에 기울기 센서를 연결하고, 브레드 보드를 기울여서 기울기가 측정되어 LCD 에 그 값을 표시하는지 확인하도록 하자.

```
#include <LiquidCrystal.h>                    // LCD 헤더 파일을 추가한다.

//  RS, E, D4, D5, D6, D7 핀 배열을 정의한다.
LiquidCrystal lcd(2, 3, 5, 6, 7, 8);

int tilt = A3;

void setup()
{
     lcd.begin(16, 2);                        // LCD를 초기화한다.
     lcd.clear();                             // LCD 화면을 지운다.
}

void loop()
{
     int reading = analogRead(tilt);          // 기울기 센서의 A/D 변환을 수행한다.
     String reading_string=String(reading);   // 숫자를 문자로 변환한다.

     lcd.home();                              // 커서 위치를 좌측 상단에 위치시킨다.

     for(int i=0; i<4-reading_string.length(); i++)
     {
          lcd.write( ' ' );                   // blank를 출력하여 이전 문자를 지운다.
     }
     lcd.print(reading);                      // A/D 변환 값을 LCD에 출력한다.
}
```

센서 사용하기 Ⅱ

14-1 초음파 센서 인터페이스 회로

(1) 초음파 센서의 특성

초음파 센서는 초음파를 이용하여 거리를 측정하는 센서이다. 발신부와 수신부로 구성되어 있으며, 발신부에서 압전소자에 의해 진동이 발생하고, 이 진동에 의해 초음파를 발생한다. 수신부에서는 초음파가 물체에 반사되어 되돌아오는 파형을 수신하고, 반사되어 되돌아오는 시간을 측정하여 해당 거리를 계산할 수 있다.

초음파 센서는 거리 측정을 위해 많이 사용되어지는 센서 중 하나이며, 자동차의 후방 경보시스템이 대표적인 사용 예이다. 초음파 센서는 이외에도 물체의 검출, 수위 측정 등 여러 분야에서 사용되고 있다. 발신부와 수신부가 하나의 모듈 형태로 결합된 초음파 센서 SRF05를 그림 14-1 (a)에 나타내었다. 초음파 센서의 특성 곡선은 그림 14-1 (b)와 같다.

(a) 초음파 센서 외형

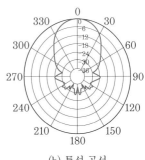

(b) 특성 곡선

그림 14-1 초음파 센서

모듈의 각 핀의 설명은 다음 그림과 같다. 오른쪽 5개 핀은 제조 시 프로그램용으로 사용되는 핀들로서, 모듈 사용 시에는 사용하지 않는다.

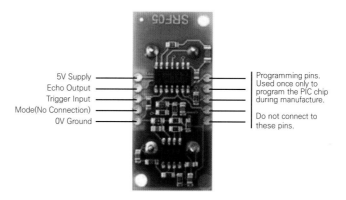

그림 14-2 초음파 센서 핀 맵

동작은 트리거 입력(trigger input) 핀으로 최소 $10\mu s$의 펄스를 발생시키면 에코 출력(echo output) 핀으로 거리에 비례하는 펄스가 되돌아온다. 이 펄스의 길이를 측정하여 거리를 계산할 수 있다. 거리를 계산하기 위해서는 특정 핀으로 입력되는 펄스의 길이를 측정하는 pulseIn 함수를 사용한다.

(2) 초음파 센서에 의한 거리감지

다음 그림과 같이 아두이노와 초음파 센서를 연결한다. 초음파 센서의 트리거와 에코 핀을 각각 7, 6에 연결한다.

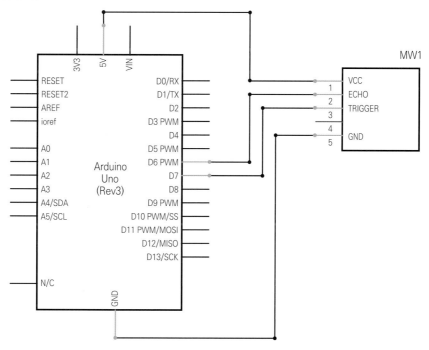

그림 14-3 초음파 센서 구동회로

① 시리얼 모니터에 거리 표시하기

다음과 같은 아두이노 코드를 스케치에 입력한다. 프로그램을 아두이노에 다운로드하고 결과를 확인한다. 책과 같은 평면의 물체를 초음파 센서 앞에 두고 가까이 다가갔다가 멀어졌다 하며 시리얼 모니터에 거리가 표시되는 것을 확인한다.

```
#define TRIG 7                          // 트리거 핀을 지정한다.
#define ECHO 6                          // 에코 핀을 지정한다.

void setup()
{
    Serial.begin(9600);                 // 시리얼 초기화
    pinMode(TRIG, OUTPUT);              // 트리거를 출력으로 지정
    pinMode(ECHO, INPUT);              // 에코를 입력으로 지정
}

void loop()
{
    // 펄스를 발생시킨다.
    digitalWrite(TRIG, LOW);
    delayMicroseconds(2);
    digitalWrite(TRIG, HIGH);
    delayMicroseconds(10);
    digitalWrite(TRIG, LOW);

    // 에코로 입력되는 초음파로 거리를 계산한다.
    long distance = pulseIn(ECHO, HIGH)/58.2;
    Serial.println(distance);           // 시리얼 모니터로 출력한다.
    delay(100);
}
```

② 후방 경보 시스템 구현하기

자동차용 후방 경보 시스템을 구현해 보도록 한다. 초음파 센서로 거리를 측정하여 일정거리 이내로 물체가 접근하는 경우 경고음을 발생시키도록 한다. 경고음은 피에조 버저를 사용하여 발생한다. 버저는 디지털 8번 핀에 연결하여 사용한다.

다음과 같은 아두이노 코드를 스케치에 입력한다. 프로그램을 아두이노에 다운로드하고 결과를 확인한다. 책과 평면의 물체를 초음파 센서 앞에 두고 가까이 다가갔다가 멀어졌다 하며, 경고음이 발생하는지 확인한다.

```
#define TRIG 7                          // 트리거 핀을 지정한다.
#define ECHO 6                          // 에코 핀을 지정한다.
```

```
int speakPin = 8;                                    // 스피커 핀을 지정한다.

void setup()
{
    Serial.begin(9600);                              // 시리얼 통신 초기화
    pinMode(TRIG, OUTPUT);                           // 트리거 핀을 출력으로 설정
    pinMode(ECHO, INPUT);                            // 에코 핀을 입력으로 설정
    pinMode(speakPin, OUTPUT);                       // 스피커 핀을 출력으로 설정
}

void loop()
{
    // 펄스를 발생시킨다.
    digitalWrite(TRIG, LOW);
    delayMicroseconds(2);
    digitalWrite(TRIG, HIGH);
    delayMicroseconds(10);
    digitalWrite(TRIG, LOW);

    // 에코 핀으로 입력된 거리를 센티미터 단위로 환산
    long distance = pulseIn(ECHO, HIGH)/58.2;

    // 시리얼 모니터로 출력한다.
    Serial.println( "Distance =" +String(distance));
    delay(100);

    if(distance < 20)
    {
        for(int x=0; x<100; x++)
        {
            float sinVal = sin(x * (3.1412 / 15));
            int toneVal = 2000 + (int(sinVal * 1000));   // 주파수를 계산한다.
            tone(speakerPin, toneVal);                   // 버저로 소리를 재생한다.
            delay(2);
        }

        noTone(speakerPin);
        delay(1000);
    }
}
```

③ 초음파 센서 모듈을 이용하여 LCD에 출력

초음파 센서 모듈(HC-SR04)과 I2C 모듈(FC-113)을 이용하여 측정값을 LCD와 시리얼 모니터에 출력해보자. 앞에서 언급했던 것처럼 초음파 모듈은 4개 핀만 사용하면 된다.

그림 14-4 초음파 센서 모듈(HC-SR04)

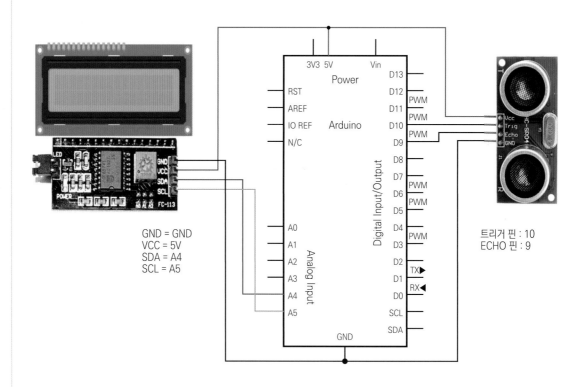

GND = GND
VCC = 5V
SDA = A4
SCL = A5

트리거 핀 : 10
ECHO 핀 : 9

그림 14-5 초음파 센서 모듈을 이용하여 LCD에 출력

LCD에 출력 값과 시리얼 모니터에 나타나는 값을 비교해 보자. 여기서는 초음파 센서 모듈의 트리거 핀은 10핀에, 에코 핀은 9핀에 각각 연결하였다.

```
#include <LCD.h>
#include <LiquidCrystal_I2C.h>

#define TRIG 10          // 트리거 핀을 지정
#define ECHO 9           // 에코 핀을 지정
```

```
LiquidCrystal_I2C  lcd(0x27,2,1,0,4,5,6,7);

void setup() {
    lcd.begin(16, 2);           // LCD는 16 chars, 2 lines 로 정의
    lcd.setBacklightPin(3,POSITIVE);
    lcd.setBacklight(HIGH);
    lcd.clear();
    pinMode(TRIG, OUTPUT);    // Trigger는 출력 모드
    pinMode(ECHO, INPUT);     // Echo는 입력 모드
    Serial.begin(9600);
}

void loop() {
    // 펄스를 발생시킨다.
    digitalWrite(TRIG, LOW);
    delayMicroseconds(2);
    digitalWrite(TRIG, HIGH);
    delayMicroseconds(10);
    digitalWrite(TRIG, LOW);

    // 에코로 입력되는 초음파로 거리를 계산한다.
    long Time=pulseIn(ECHO, HIGH);
    long distance_cm = Time/58;        // cm 단위로 계산
    long distance_inch = Time/148;     // inch 단위로 계산

    // 시리얼 모니터로 cm 단위로 출력
    Serial.println(String(distance_cm) + " cm" );
    // 시리얼 모니터로 inch 단위로 출력.
    Serial.println(String(distance_inch) + " inch" );

    lcd.setCursor(0, 0);
    lcd.print(String(distance_cm)+ " cm" );           // cm 단위로 출력

    lcd.setCursor(0, 1);
    lcd.print(String(distance_inch) + " inch" );      // inch 단위로 출력

    delay(1000);
    lcd.clear();
}
```

14-2 자이로 및 가속도계 인터페이스 회로

(1) 자이로 센서

자이로 센서는 각도를 측정하는 센서이다. 각도를 곧바로 출력하는 센서는 우주선, 항공기 및 미사일과 같은 우주항공에 사용되어지므로 고정밀도 측정값을 출력하는 자이로 센서는 그 가격이 매우 고가이다. 하지만 MEMS 기술의 발달로 인해 현재에는 저렴한 가격으로 자이로 센서를 양산할 수 있게 되었다. 일반적인 용도로 사용하는 자이로 센서는 각속도를 측정하며, 각속도에 비례한 출력전압을 나타낸다.

근래에 들어와 차량의 위치를 측정하는 차량용 내비게이션, 구글 등 여러 자동차 회사에서 많은 연구를 하고 있는 자율주행차량에 사용되고 있다. 또한 다음에 설명할 가속도계와 같이 사용되어 드론의 자세 제어와 같은 무인비행체에 대해 사용되어지는 센서이다. 각속도를 측정하므로 차량의 실제 항법이나 자율주행과 같은 유도(Guidance)나 드론의 자세 제어를 하기 위해서는 일정 시간 간격에 대해 적분을 취해 각도를 구해야 하는 단점이 있다.

MEMS 자이로 센서는 핸드폰, 게임기 등에도 많이 사용되고 있다. 저가의 자이로 센서인 ENV-50D의 외형은 그림 14-6과 같고, 핀 맵은 표 14-1과 같다.

그림 14-6 자이로 센서 외형

표 14-1 자이로 센서 핀 맵

핀 번호	설명
1	+ 전원
2	접지
3	센서 출력

자이로 센서 인터페이스 회로를 구성하면 다음 그림과 같다.

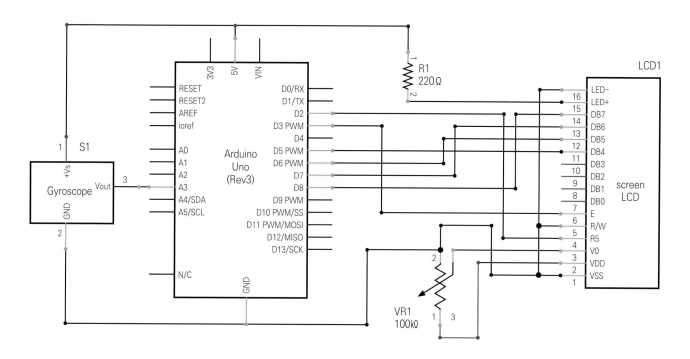

그림 14-7 자이로 센서 인터페이스 회로

　다음과 같은 아두이노 코드를 스케치에 입력한다. 프로그램을 아두이노에 다운로드하고 결과를 확인한다. 자이로 센서를 회전시키면서 시리얼 모니터에 회전량에 비례하는 데이터가 표시되는 것을 확인한다.

```
#define RatePin  A3                          // 각속도 입력을 정의한다.

void setup()
{
    Serial.begin(9600);                      // 시리얼 모니터를 초기화한다.

    pinMode(RatePin, OUTPUT);                 // 각속도 핀을 지정한다.
}

void loop()
{
    // 각속도를 측정하여 시리얼 모니터로 전송한다.
    Serial.print(analogRead(RatePin));
    Serial.println();                         // 새로운 줄로 바꾼다.
    delay(1000);                              // 시간 지연한다.
}
```

(2) 가속도 센서

가속도계는 자이로 센서와 더불어 항법 및 유도, 비행체의 자세 제어에 사용되는 센서이다. 가속도를 측정하여 일정 시간 간격에 대해 한 번 적분하게 되면 속도를 얻게 되고, 다시 한 번 적분하게 되면 일정시간 동안 이동한 거리를 측정할 수 있게 된다. 일반적으로 사용하는 저가의 가속도계는 반도체 MEMS 기술을 사용하여 제작되며, 3축에 대해 각 축 방향으로 발생하는 가속도를 측정하게 된다. 이와 같은 가속도계는 표면실장형(SMD : Surface Mounted Device)이므로 하드웨어로 구현하기 쉽도록 그림 14-8과 같은 NEWTC사의 AM-3AXIS 모델을 사용하였다. 버전에 따라 전원을 5V를 인가할 수도, 3.3V를 인가할 수도 있으므로 데이터 시트를 확인하여 정확한 전원을 인가하도록 한다.

그림 14-8 가속도 센서

표 14-2 가속도계 핀 맵

핀 번호	설명
4	접지
5	Z 방향 출력 전압
6	Y 방향 출력 전압
7	X 방향 출력 전압
8	+ 전원

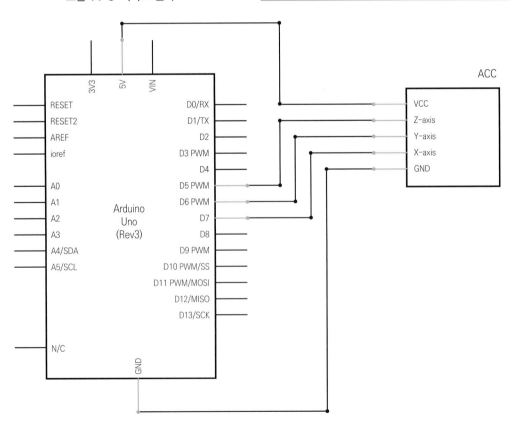

그림 14-9 가속도 센서 인터페이스 회로

가속도계 출력을 측정하는 프로그램은 다음과 같다. 프로그램을 스케치에 입력하고, 아두이노에 다운로드하고 결과를 확인한다. 가속도계를 움직이면서 시리얼 모니터에 가속도에 비례하는 데이터가 표시되는 것을 확인한다. 빨리 움직일수록 표시되는 데이터의 크기가 커진다는 것을 알 수 있다.

```
#define xpin 7                          // 가속도계 X축 입력을 정의한다.
#define ypin 6                          // 가속도계 Y축 입력을 정의한다.
#define zpin 5                          // 가속도계 Z축 입력을 정의한다.

void setup()
{
    Serial.begin(9600);                // 시리얼 모니터를 초기화한다.

    pinMode(xpin, INPUT);              // X축 핀을 입력으로 정의한다.
    pinMode(ypin, INPUT);              // Y축 핀을 입력으로 정의한다.
    pinMode(zpin, INPUT);              // Z축 핀을 입력으로 정의한다.
}

void loop()
{
    // X축 가속도를 측정하여 시리얼 모니터로 전송한다.
    Serial.print(analogRead(xpin));
    Serial.print(" ");                 // 값을 구별하기 위한 간격을 둔다.

    // Y축 가속도를 측정하여 시리얼 모니터로 전송한다.
    Serial.print(analogRead(ypin));
    Serial.print(" ");                 // 값을 구별하기 위한 간격을 둔다.

    // Z축 가속도를 측정하여 시리얼 모니터로 전송한다.
    Serial.print(analogRead(zpin));
    Serial.println();                  // 새로운 줄로 바꾼다.

    delay(1000);                       // 시간 지연한다.
}
```

블루투스 통신회로

15-1 블루투스 통신회로의 특징

블루투스(Bluetooth)는 1994년 에릭슨(Ericsson)이 최초로 개발한 개인 근거리 무선통신(PAN : Personal Area Network)을 위한 산업 표준이다. 블루투스라는 이름은 덴마크의 국왕 헤럴드 블라트란트를 영어식으로 바꾼 것으로 블루투스가 스칸디나비아를 통일한 것처럼 무선통신도 블루투스로 통일하자는 의미를 담고 있다. 기본적으로 10m 이내에서의 통신을 목표로 하고 있으며, 100m까지 확장 가능하다. 마스터(master)와 슬레이브(slave)의 구성을 가지며, 마스터 당 최대 7대의 슬레이브 기기를 연결할 수 있다. 블루투스를 상징하는 로고는 다음 그림과 같다.

그림 15-1 블루투스 로고

블루투스는 다양한 기기들이 안전하고 저렴한 비용으로 전 세계적으로 이용할 수 있는 무선 주파수를 이용해 서로 통신할 수 있게 한다. 블루투스는 ISM 대역인 2.45GHz를 사용한다. 버전 1.1과 1.2의 경우 속도가 723.1kbps에 달하며, 버전 2.0의 경우 EDR(Enhanced Data Rate)을 특징으로 하는데, 이를 통해 2.1Mbps의 속도를 낼 수 있다.

블루투스는 유선 USB를 대체하는 개념이며, 와이파이(Wi-Fi)는 이더넷(Ethernet)을 대체하는 개념이다. 장치끼리 연결을 성립하려면 키워드를 이용한 페어링(pairing)이 이루어지는데, 이 과정이 없는 경우도 있다.

15-2　블루투스 통신회로

블루투스 통신을 위해 다음 그림과 같은 블루투스 직렬 포트 모듈인 HC-06을 사용한다. 이러한 블루투스 모듈은 자동차 핸즈프리 장치, 블루투스 스피커, 블루투스 헤드셋, 블루투스 GPS, 블루투스 데이터 전송장치 등에 사용된다.

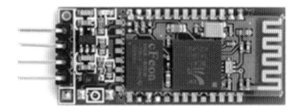

그림 15-2　블루투스 모듈(HC-06)

블루투스의 Tx, Rx 핀을 아두이노의 Rx, Tx와 교차하여 연결한다. 연결 회로도는 다음 그림과 같다.

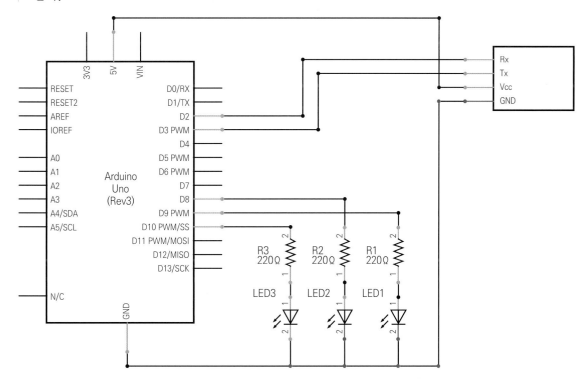

그림 15-3　블루투스 모듈 연결

스마트폰과 아두이노 간의 데이터 통신을 실행한다. 스마트폰에는 블루투스 기능이 내장되어 있으므로 HC-06 모듈과 페어링하여 데이터를 주고받을 수 있다.

우선 블루투스 모듈과 아두이노가 직렬 통신하기 위하여 SoftwareSerial 라이브러리를 포함해야 하므로 메뉴에서 스케치 → 라이브러리 포함하기 → SoftwareSerial를 선택한다. 다음과 같은 프로그램을 스케치에 작성한다.

```
#include <SoftwareSerial.h>              // 직렬 통신을 위한 함수 정의

SoftwareSerial BTSerial(3,2);            // Rx핀, Tx핀 지정

int LED[3] = {8,9,10};                   // LED 핀 번호 지정
unsigned int num = 0;
unsigned int red = 0;                    // red LED on/off 변수
unsigned int green = 0;                  // green LED on/off 변수
unsigned int yel = 0;                    // yellow LED on/off 변수

char null = '\n';
char data = 0;

void setup()
{
    Serial.begin(9600);                  // 시리얼 baudrate 설정
    BTSerial.begin(9600);                // 블루투스 baudrate 설정

    for(num=0;num<3;num++)
    {
        pinMode(LED[num],OUTPUT);        // 8,9,10번 출력 LED
    }

    Serial.println( "Bluetooth Communication Test" );    // 터미널 출력 메시지
}

void loop()
{
    if(BTSerial.available())                             // 블루투스 신호가 입력되면 실행
    {
        data = BTSerial.read();                          // 블루투스 읽어오기
        Serial.write(data);
        Serial.write(null);

        if(data == 'r')                                  // 'r' 데이터 입력 시
```

```
                {
                switch(red)
                {
                     case 0 :
                          //red변수 0이면 LED ON
                          Serial.println( "RED LED [ON]" );

                          //LED핀 HIGH 출력
                          digitalWrite(LED[0],HIGH);
                          red = 1;
                          break;

                     case 1 :
                          //red변수 1이면 LED OFF
                          Serial.println( "RED LED [OFF]" );

                          //LED핀 LOW 출력
                          digitalWrite(LED[0],LOW);
                          red = 0;
                          break;
                }
                }
                else if(data == 'g')                    // 'g' 데이터 입력 시
                {
                     switch(green)
                     {
                          case 0 :
                               //green변수 0이면 LED ON
                               Serial.println( "GREEN LED [ON]" );

                               //LED핀 HIGH 출력
                               digitalWrite(LED[1],HIGH);
                               green = 1;
                               break;

                          case 1 :
                               //green변수 1이면 LED OFF
                               Serial.println( "GREEN LED [OFF]" );

                               //LED핀 LOW 출력
                               digitalWrite(LED[1],LOW);
```

```
                                    green = 0;
                                    break;
                }
        }
        else if(data == 'y')                          // 'y' 데이터 입력 시
        {
                switch(yel)
                {
                        case 0 :
                                //yellow변수 0이면 LED ON
                                Serial.println( "YELLOW LED [ON]" );

                                //LED핀 HIGH 출력
                                digitalWrite(LED[2],HIGH);
                                yel = 1;
                                break;

                        case 1 :
                                //yellow변수 1이면 LED OFF
                                Serial.println( "YELLOW LED [OFF]" );

                                //LED핀 LOW 출력
                                digitalWrite(LED[2],LOW);
                                yel = 0;
                                break;
                }
        }
    }
    delay(10);
}
```

참고 **아두이노와 블루투스 연결**

SoftwareSerial(3, 2)로 프로그램을 작성하면
아두이노 3핀(RX) ⟨─⟩ TX (Bluetooth Module)
아두이노 2핀(TX) ⟨─⟩ RX (Bluetooth Module)
위처럼 교차 연결해야 한다.

15-3   블루투스 기기와의 통신

01 ≫ ㈜청파이엠티에서 무료로 제공하는 앱을 사용하여 블루투스를 제어할 수 있다. 우선 스마트폰으로 웹브라우저에서 "CHUNGPA BT/Wifi Control"로 검색한다. 직접 접속하려면 다음의 URL을 입력한다.

   https://www.dropbox.com/s/49xo8fbcoo9cx59/CHUNGPA%20BT%20WiFi%20Control_v1.01.apk?dl=0

02 ≫ 해당 사이트에서 "CHUNGPA BT/Wifi Control" 어플리케이션을 다운받고 설치한다.

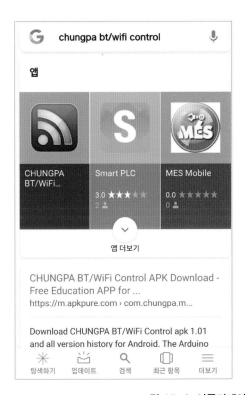 

그림 15-4 어플리케이션 설치

03 ≫ 다른 방법으로 공저자가 운영하는 네이버카페 https://cafe.naver.com/uplecture 의 아두
이노 실습 게시판에서 파일을 다운로드 받을 수도 있다.

다운받은 어플리케이션을 실행한다. 블루투스 기능이 꺼져 있을 경우에는 블루투스 승인
요청 메시지가 나타난다. "사용"을 눌러 블루투스 기능을 활성화시킨다.

그림 15-5 블루투스 승인 요청

04 ≫ Bluetooth를 선택한 후에 "장치검색" 버튼을 눌러 디바이스 검색 창을 띄운다.

그림 15-6 블루투스 장치 검색

05 >> 이미 페어링된 단말이 있을 시는 목록창에 나타난다. 페어링된 단말이 없을 시는 "단말 검색하기" 버튼을 눌러 단말을 검색한 후, 연결하고자 하는 단말 HC-06을 선택한다.

그림 15-7 페어링할 블루투스 장치(HC-06) 검색

06 >> PIN번호 (기본값 : 1234)를 입력하고 단말과 접속을 실시한다.

그림 15-8 블루투스 연결 요청

07 ≫ 단말과의 접속이 완료될 시, 접속되었다는 완료 메시지가 표시되고, 연결된 단말의 이름이 알람 창을 통해 나타난다. 확인 후 "키 설정" 버튼을 눌러 송신 데이터 설정을 실시한다.

그림 15-9 접속 완료 메시지

08 ≫ 키 이름 란에 버튼명 1과 적색 LED를 나타내는 머리글자 r 을 입력한다. 순서대로 버튼명 2와 녹색 LED를 나타내는 머리글자 g, 버튼명 3과 황색 LED를 나타내는 머리글자 y를 입력한다. 데이터를 입력한 후 확인 버튼을 누른다.

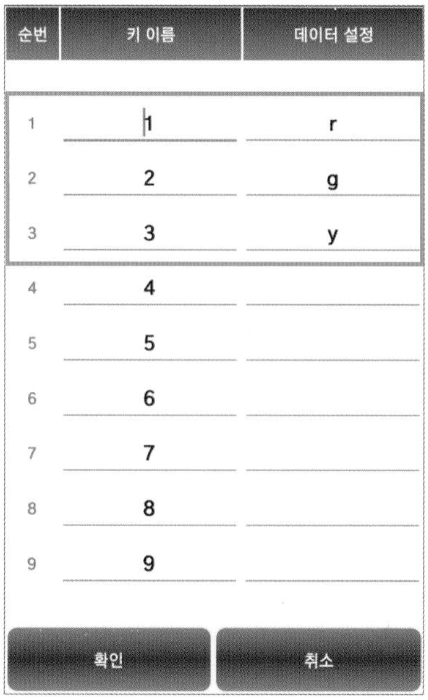

순번	키 이름	데이터 설정
1	1	r
2	2	g
3	3	y
4	4	
5	5	
6	6	
7	7	
8	8	
9	9	
확인		취소

그림 15-10 키 설정

09 설정된 버튼으로 데이터를 송신한다. 눌러진 버튼에 따라 할당된 LED가 점등되었는지 동작을 확인한다. 즉, 1 버튼을 클릭하면 적색 LED를 ON/OFF, 2 버튼은 녹색 LED를 ON/OFF, 3 버튼은 노란색 LED를 ON/OFF 각각 시킬 수 있다.

그림 15-11 키 설정 완료

참고 **사용된 함수**

명령	설명
BTSerial.begin(9600);	블루투스 baudrate를 설정한다.
BTSerial.read();	블루투스 데이터를 읽어 들인다.

참고 **설정하기**

숫자	전송속도 (Baud)	숫자	전송속도 (Baud)
1	1200	5	19200
2	2400	6	38400
3	4800	7	57600
4	9600	8	115200

적외선 IR 리모컨 및 수신부 제어

16-1 적외선 IR(Infra Red) 통신 특징

적외선 IR(Infrared Red)은 가시광선보다 파장이 길며, 햇빛을 스펙트럼으로 분산시켜 보면 적색 스펙트럼의 끝보다 더 바깥쪽에 있다. 또 적외선은 파장이 길기 때문에 자외선이나 가시광선에 비하여 미립자에 의한 산란효과가 적으므로 공기 중에 비교적 잘 투과하는 특징이 있다.

이 적외선을 쏘아서 이를 통해 정보를 전달하는 통신 방식이 적외선 통신이다. 보통 TV, 에어컨, 오디오 등 일상생활에서 사용하는 가전제품에서 사용되는 리모컨이 적외선 통신 방식을 주로 사용한다. 적외선 통신은 송신부와 수신부로 구성되는데 예를 들면 TV가 수신부, TV 리모컨이 송신부가 된다.

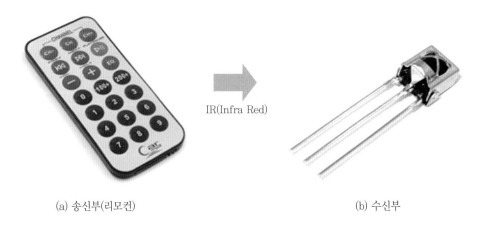

(a) 송신부(리모컨)　　　　　　　IR(Infra Red)　　　　　　　(b) 수신부

그림 16-1 적외선 IR 통신에서 송신부 및 수신부

송신부는 IRED(Infrared Rays Emitting Diode)로 적외선 발광 다이오드라고 생각하면 된다. 일반적인 LED는 전류가 흐르면 가시광선을 출력하지만, IRED는 전류가 흐르면 적외선을 출력한다는 것이 다르다. 또한 적외선은 사람의 눈으로는 보이지 않지만 스마트폰의 카메라로는 확인할 수 있다. 일반적으로 리모컨은 38kHz 대역을 사용하지만 일부 리모컨은 다른 주파수 대역을 사용하는 경우도 있다.

적외선 수신부(VS1838B인 경우)는 X자가 새겨져 있는 앞면을 기준으로 왼쪽부터 SIGNAL핀, GND핀, VCC핀 순이다.

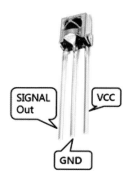

그림 16-2 적외선 수신부(VS1838B)

16-2   아두이노와 적외선 수신부 연결

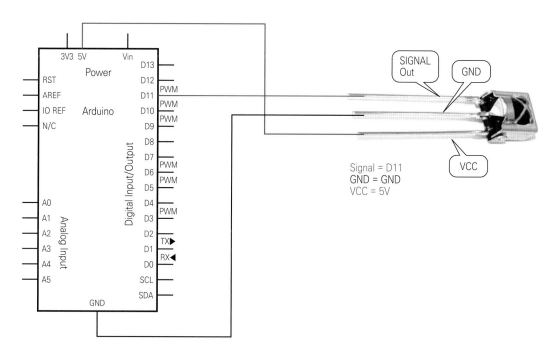

그림 16-3 아두이노와 적외선 수신부 연결

https://github.com/z3t0/Arduino-IRremote에서 Clone or download이라 쓰여 있는 버튼을 눌러 ZIP 형태로 되어 있는 라이브러리를 다운로드한다. 메뉴에서 스케치 → 라이브러리 포함하기 → .ZIP 라이브러리 추가...을 선택한 후에 다운받은 zip 파일을 선택한다. 그리고 최종적으로 메뉴에서 스케치 → 라이브러리 포함하기 → IRremote을 선택하여 라이브러리를 포함한다.

그림 16-4 라이브러리 다운로드

시리얼 모니터를 통해서 적외선 수신 값을 출력하자.

```
#include <IRremote.h>              // 리모컨 라이브러리

int RECV_PIN = 11;
IRrecv irrecv(RECV_PIN);
decode_results results;

void setup()
{
    Serial.begin(9600);
    irrecv.enableIRIn();          // 수신 처리 시작
}

void loop() {
    if( irrecv.decode(&results) )  // 코드 수신 여부
    {
      Serial.println(results.value, HEX);
      irrecv.resume();            // 다음 값 수신
    }
}
```

수신 값에서 FFFFFFFF는 키가 눌려진 상태라는 것을 의미한다.

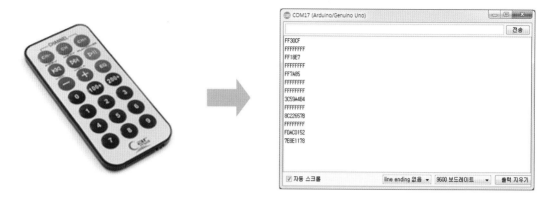

그림 16-5 적외선 수신 값 출력

이번에는 리모컨에서 수신된 값(16진수)을 참조해서 시리얼 모니터에 숫자를 출력해 보자.

표 16-1 리모컨 키와 수신 값

리모컨 키	수신 값 (16진수)
1	FF30CF 또는 9716BE3F
2	FF18E7 또는 3D9AE3F7
3	FF7A85 또는 6182021B
4	FF10EF 또는 8C22657B
5	FF38C7 또는 488F3CBB
6	FF5AA5 또는 449E79F
7	FF42BD 또는 32C6FDF7
8	FF4AB5 또는 1BC0157B
9	FF52AD 또는 3EC3FC1B

```
#include <IRremote.h>

int RECV_PIN = 11;
IRrecv irrecv(RECV_PIN);
decode_results results;

void setup()
{
  Serial.begin(9600);
  irrecv.enableIRIn();        // 수신 처리 시작
}

void loop() {
```

```
if (irrecv.decode(&results)) {
  switch(results.value) {
      case 0xFF30CF :
      case 0x9716BE3F :
          Serial.println( "1" );
          break;

      case 0xFF18E7 :
      case 0x3D9AE3F7 :
          Serial.println( "2" );
          break;

      case 0xFF7A85 :
      case 0x6182021B :
          Serial.println( "3" );
          break;

      case 0xFF10EF :
      case 0x8C22657B :
          Serial.println( "4" );
          break;

      case 0xFF38C7 :
      case 0x488F3CBB :
          Serial.println( "5" );
          break;

      case 0xFF5AA5 :
      case 0x449E79F :
          Serial.println( "6" );
          break;

      case 0xFF42BD :
      case 0x32C6FDF7 :
          Serial.println( "7" );
          break;

      case 0xFF4AB5 :
      case 0x1BC0157B :
          Serial.println( "8" );
          break;
```

```
      case 0xFF52AD :
      case 0x3EC3FC1B :
             Serial.println( "9" );
             break;
   }  // switch문 끝
   irrecv.resume();    // 다음 값 수신
  }   //if문 끝
} //loop문 끝
```

그림 16-6 수신된 값을 참조해서 숫자 출력

16-3 리모컨 키 값에 따른 LCD에 출력

다음으로 리모컨의 2, 4, 5, 6, 8 키를 눌러서 LCD에 해당 문자열을 출력하자. 앞서 7장에서 다루었던 I2C 모듈(FC-113)을 사용하여 LCD에 출력한다. 따라서 LCD 연결은 7장에서 연결했던 방법 그대로 사용한다.

표 16-2 리모컨 키와 LCD 출력 값

리모컨 키	LCD 출력 값
2	Forward
4	Left
5	Stop
6	Right
8	Backward

```
#include <IRremote.h>
#include <LCD.h>
#include <LiquidCrystal_I2C.h>

int RECV_PIN = 11;

IRrecv irrecv(RECV_PIN);
decode_results results;
LiquidCrystal_I2C  lcd(0x27,2,1,0,4,5,6,7);

void setup()
{
    irrecv.enableIRIn();  // Start the receiver
    lcd.begin(16, 2); // LCD는 16 chars, 2 lines로 정의
    lcd.setBacklightPin(3,POSITIVE);
    lcd.setBacklight(HIGH);
}

void loop() {
  if (irrecv.decode(&results)) {
    switch(results.value)
    {
        case 0xFF18E7 :
        case 0x3D9AE3F7 :
                lcd.clear();
                lcd.setCursor(0, 0);
                lcd.print(results.value, HEX);
                lcd.setCursor(0, 1);
                lcd.print( "Forward" );
                break;

        case 0xFF10EF :
        case 0x8C22657B :
                lcd.clear();
                lcd.setCursor(0, 0);
                lcd.print(results.value, HEX);
                lcd.setCursor(0, 1);
                lcd.print( "Left" );
                break;

        case 0xFF38C7 :
```

```
            case 0x488F3CBB :
                    lcd.clear();
                    lcd.setCursor(0, 0);
                    lcd.print(results.value, HEX);
                    lcd.setCursor(0, 1);
                    lcd.print( "Stop" );
                    break;

            case 0xFF5AA5 :
            case 0x449E79F :
                    lcd.clear();
                    lcd.setCursor(0, 0);
                    lcd.print(results.value, HEX);
                    lcd.setCursor(0, 1);
                    lcd.print( "Right" );
                    break;

            case 0xFF4AB5 :
            case 0x1BC0157B :
                    lcd.clear();
                    lcd.setCursor(0, 0);
                    lcd.print(results.value, HEX);
                    lcd.setCursor(0, 1);
                    lcd.print( "Backward" );
                    break;
        } //switch문 끝
        delay(200);
        irrecv.resume(); // Receive the next value
    } //if문 끝
} //loop
```

참고 **사용된 함수**

함수	설명
irrecv.enableIRIn()	수신 처리 시작
irrecv.decode(&results)	코드가 수신되면 true를 반환하고 아무것도 수신하지 않으면 false를 반환한다. 코드가 수신되면 "results"에 정보가 저장된다.
irrecv.resume()	수신 후에는 수신기를 재설정하고 다른 코드를 수신할 수 있도록 준비한다.

2 키

4 키

5 키

6 키

8 키

그림 16-7 리모컨 키에 따른 LCD 출력

Chapter 17

RFID 제어

ARDUINO

17-1 RFID 특징

    RFID(Radio-frequency identification)는 무선 주파수를 이용하여 물건이나 사람 등과 같은 대상을 식별(IDentification)할 수 있도록 해 주는 기술이다. RFID는 안테나와 칩으로 구성된 RFID 태그에 정보를 저장하여 적용 대상에 부착한 후, RFID 리더를 통하여 정보를 인식하는 방법으로 활용한다. RFID는 기존의 바코드(barcode)를 읽는 것과 비슷한 방식으로 이용한다. 바코드와는 달리 물체에 직접 접촉을 하거나 어떤 조준선을 사용하지 않고도 데이터를 인식 가능하다. 여러 개의 정보를 동시에 인식하거나 수정할 수도 있으며, 태그(tag)와 리더(reader) 사이에 장애물이 있어도 정보를 인식하는 것이 가능하다. 주로 RFID는 버스의 교통 카드, 각종 출입카드 등 열쇠고리나 카드에 부착되어 실생활에 많이 사용되고 있다.

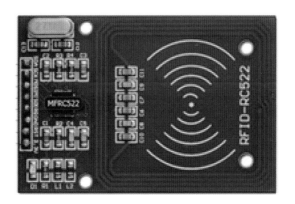

그림 17-1 RFID 리더 모듈(RFID-RC522)

17-2 태그의 고유 ID 읽기

태그는 각자 고유의 ID를 가지고 있으므로 프로그램을 이용하여 태그의 ID를 읽어서 시리얼 모니터에 출력해 보자.

표 17-1 RFID 리더 모듈과 아두이노 핀 연결

Signal	RFID-RC522	아두이노 우노 핀
RST/Reset	RST	9
SPI SS	SDA	10
SPI MOSI	MOSI	11
SPI MISO	MISO	12
SPI SCK	SCK	13
VCC	VCC	3.3V
GND	GND	GND

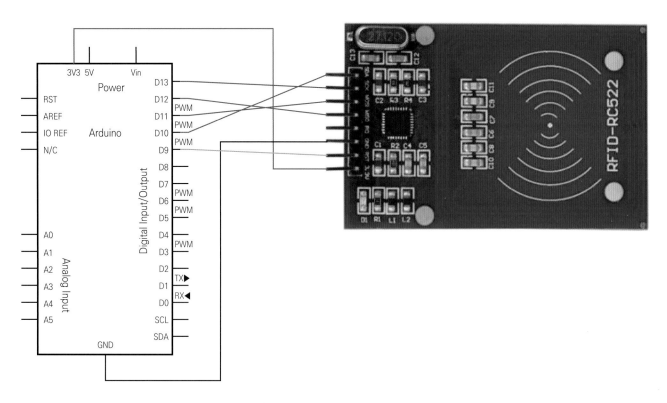

그림 17-2 RFID 리더 모듈과 아두이노 연결

메뉴에서 스케치 → 라이브러리 포함하기 → 라이브러리 관리...를 선택한 후 입력란에 "MFRC522"를 검색하여 설치한다. 그리고 최종적으로 메뉴에서 스케치 → 라이브러리 포함하기 → MFRC522를 선택하여 라이브러리를 포함한다.

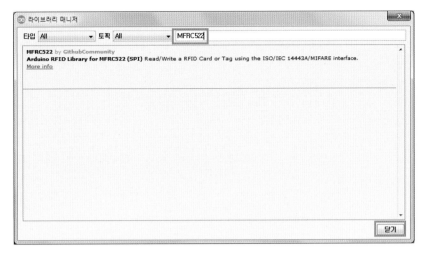

그림 17-3 RFID(MFRC522) 라이브러리 설치

시리얼 모니터를 통해서 태그 ID를 읽어서 출력하자.

```
#include <SPI.h>
#include <MFRC522.h>

#define RST_PIN    9                          // reset핀은 9번으로 설정
#define SS_PIN     10                         // SS핀은 10번으로 설정
// 나머지 PIN은 SPI 라이브러리를 사용하기에 별도의 설정이 필요 없다.

MFRC522 mfrc(SS_PIN, RST_PIN);

void setup(){
  Serial.begin(9600);
  SPI.begin();                                // SPI 시작
  mfrc.PCD_Init();
}

void loop(){
  // 태그 접촉이 되지 않았거나, ID가 읽혀지지 않았을 경우에
  if ( !mfrc.PICC_IsNewCardPresent() || !mfrc.PICC_ReadCardSerial() ) {
    delay(500);                               // 0.5초 지연
    return;
  }
```

```
    Serial.print( "Card ID :" );                    // 태그의 ID 출력

    for (byte i = 0; i < 4; i++) {                   // 태그의 ID 사이즈(4)까지 출력
      Serial.print(mfrc.uid.uidByte[i]);
      Serial.print( " " );
    }
    Serial.println();
  }
```

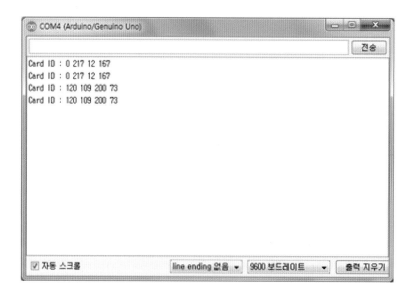

그림 17-4 태그별 고유 ID 값 출력

<h2>17-3 태그 ID 등록하고 태그 ID 식별하기 I(LED 및 버저 사용)</h2>

태그별로 고유의 ID가 있으므로 특정 태그 ID를 등록하여 등록된 LED는 녹색 LED가 켜지고, 등록되지 않은 태그는 적색 LED가 켜지도록 한다. 더불어 소리도 다르게 나도록 하자.

앞서 그림 17-2와 같이 RFID 모듈을 연결한 상태에서 버저를 4번 핀에, 적색 LED를 5번 핀에, 녹색 LED를 6번 핀에 추가적으로 연결하자. 버저에 대한 자세한 사항은 앞서 6장에서 다룬 내용을 참조한다.

```
#include <SPI.h>
#include <MFRC522.h>
```

```
#include <pitches.h>

#define RST_PIN    9                        // reset핀은 9번으로 설정
#define SS_PIN     10                       // SS핀은 10번으로 설정
#define BUZZ       4                        // 버저를 4번 핀에 연결
#define LED_R      5                        // 적색 LED를 5번 핀에 연결
#define LED_G      6                        // 녹색 LED를 6번 핀에 연결

MFRC522 mfrc(SS_PIN, RST_PIN);

void setup(){
  Serial.begin(9600);
  SPI.begin();                             // SPI 시작
  mfrc.PCD_Init();

  pinMode(LED_G, OUTPUT);                  // 녹색 LED를 출력으로 설정
  pinMode(LED_R, OUTPUT);                  // 적색 LED를 출력으로 설정
  pinMode(BUZZ, OUTPUT);                   // 버저를 출력으로 설정
}

void loop(){
  // 태그 접촉이 되지 않았을 때 또는 ID가 읽혀지지 않았을 때
  if ( !mfrc.PICC_IsNewCardPresent() || !mfrc.PICC_ReadCardSerial() ) {
    delay(500);                            // 0.5초 지연
    return;
  }

  Serial.print( "Card ID : " );            // 태그의 ID 출력

  for (byte i = 0; i < 4; i++) {           // 태그의 ID 사이즈(4)까지 출력
    Serial.print(mfrc.uid.uidByte[i]);
    Serial.print( " " );
  }
  Serial.println();

  if(mfrc.uid.uidByte[0] == 120 && mfrc.uid.uidByte[1] == 109 && mfrc.uid.uidByte[2]
== 200 && mfrc.uid.uidByte[3] == 73) {     // 태그 ID 등록
    digitalWrite(LED_G, HIGH);             // 녹색 LED ON
    digitalWrite(LED_R, LOW);              // 적색 LED OFF
    Serial.println( "Access Allowed!!!" );
    tone(BUZZ,523,100);                    // 5옥타브 도 0.1초 동안 출력
```

```
    delay(500);

  }else {                                    // 다른 태그 ID일 경우
    digitalWrite(LED_R, HIGH);               // 적색 LED ON
    digitalWrite(LED_G, LOW);                // 녹색 LED OFF
    Serial.println( "Access Denied!!!" );
    tone(BUZZ,1047,100);                     // 6옥타브 도 0.1초 동안 출력
    delay(300);
    tone(BUZZ,1047,100);                     // 한 번 더 6옥타브 도 0.1초 동안 출력
    delay(500);
  }
}
```

그림 17-5 태그 ID 등록하고 태그 ID 식별

17-4   태그 ID 등록하고 태그 ID 식별하기 Ⅱ (LED, 버저 및 LCD 사용)

이번에는 시리얼 모니터에 출력하는 것을 대신하여 태그에 따라 접근 여부를 LCD에 출력하자.
LED 및 버저를 그대로 연결한 상태에서 LCD 모듈(FC-113)을 추가적으로 연결한다. 따라서 LCD
연결은 7장에서 연결했던 방법 그대로 사용한다.

```
#include <SPI.h>
#include <MFRC522.h>
#include <pitches.h>
```

```
#include <LCD.h>
#include <LiquidCrystal_I2C.h>

#define RST_PIN    9              // reset핀은 9번으로 설정
#define SS_PIN     10             // SS핀은 10번으로 설정
#define BUZZ       4              // 버저를 4번 핀에 연결
#define LED_R      5              // 적색 LED를 5번 핀에 연결
#define LED_G      6              // 녹색 LED를 6번 핀에 연결

MFRC522 mfrc(SS_PIN, RST_PIN);
LiquidCrystal_I2C  lcd(0x27,2,1,0,4,5,6,7);

void setup(){
    SPI.begin();                 // SPI 시작
    mfrc.PCD_Init();

    pinMode(LED_G, OUTPUT);      // 녹색 LED를 출력으로 설정
    pinMode(LED_R, OUTPUT);      // 적색 LED를 출력으로 설정
    pinMode(BUZZ, OUTPUT);       // 버저를 출력으로 설정

    lcd.begin(16, 2);            // LCD는 16 chars, 2 lines 로 정의
    lcd.setBacklightPin(3,POSITIVE);
    lcd.setBacklight(HIGH);
}

void loop(){
    // 태그 접촉이 되지 않았을 때 또는 ID가 읽혀지지 않았을 때
    if ( !mfrc.PICC_IsNewCardPresent() || !mfrc.PICC_ReadCardSerial() ) {
        delay(500);              // 0.5초 지연
        return;
    }

    lcd.setCursor(0, 0);                  // 텍스트가 위치할 커서의 위치를 설정. 0칸 0줄
    for (byte i = 0; i < 4; i++) {        // 태그의 ID 사이즈(4)까지 출력
        lcd.print(mfrc.uid.uidByte[i]);
        lcd.print( " " );
    }

    lcd.setCursor(0, 1); // 텍스트가 위치할 커서의 위치를 설정. 0칸 1줄
    if(mfrc.uid.uidByte[0] == 120 && mfrc.uid.uidByte[1] == 109 && mfrc.uid.
uidByte[2] == 200 && mfrc.uid.uidByte[3] == 73) {
```

```
        digitalWrite(LED_G, HIGH);      // 녹색 LED ON
        digitalWrite(LED_R, LOW);       // 적색 LED OFF
        lcd.print( "Access Allowed!" ); // LCD에 문자열 표시
        tone(BUZZ,523,100);             // 5옥타브 도 0.1초 동안 출력
        delay(500);
    }else {                             // 다른 태그 ID일 경우
        digitalWrite(LED_R, HIGH);      // 적색 LED ON
        digitalWrite(LED_G, LOW);       // 녹색 LED OFF
        lcd.print( "Access Denied!" );  // LCD에 문자열 표시
        tone(BUZZ,1047,100);            // 6옥타브 도 0.1초 동안 출력
        delay(300);
        tone(BUZZ,1047,100);
        delay(500);
    }
}
```

(a) 등록되지 않은 태그인 경우

(b) 등록된 태그인 경우

그림 17-6 태그 ID 등록하고 태그 ID 식별(LCD 출력)

미세먼지 센서

18-1   미세먼지 센서 특징

최근에 황사가 잦아지고 계절에 관계없이 미세먼지가 생활에 큰 불편을 주고 있다. 직접 미세먼지 측정기를 만들어서 실내외에서 미세먼지를 확인하고, 미세먼지 농도에 따라 동작하는 공기청정기 등에 응용이 가능하다. 손쉽게 싸게 살 수 있는 미세먼지 센서로는 Sharp의 GP2Y1010AU는 20mA/5V 정도의 전력만으로도 먼지 농도를 측정할 수 있는 저렴한 센서이다. 내부적으로는 적외선 송신기, 수신기를 이용해서 미세입자에 의해 반사되는 빛의 양을 측정하는 방식으로 동작한다.

그림 18-1 미세먼지 센서

먼지의 농도에 따라 비례적으로 아날로그 출력을 내므로 아두이노의 아날로그 핀으로 값을 읽어 사용할 수 있다. $0.5V/0.1mg/m^3$의 감도를 가지고 있다. 출력 전압에 따라 먼지 농도가 다음 그래프와 같이 변한다.

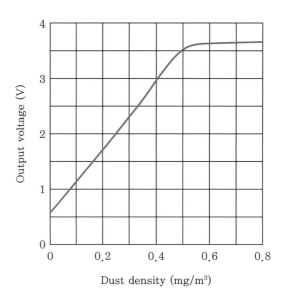

그림 18-2 출력 전압에 따른 먼지 농도(mg/m^3)

18-2 미세먼지 센서 연결

미세먼지 측정기에 6개의 핀이 노출된 커넥터가 있는데 1~3번 핀이 센서 내부에 있는 적외선 LED 제어를 위한 핀이고, 4~6번 핀은 실제 측정된 값을 출력하는 핀이다. 연결 시에는 $220\mu F$ 커패시터와 150Ω의 저항이 필요하다.

표 19-1 센서와 아두이노 연결 핀

센서 핀		아두이노 핀
1	Vled	5V (150Ω 저항)
2	LED–GND	GND
3	LED	Digital pin 2
4	S–GND	GND
5	Vo	Analog pin 0
6	Vcc	5V

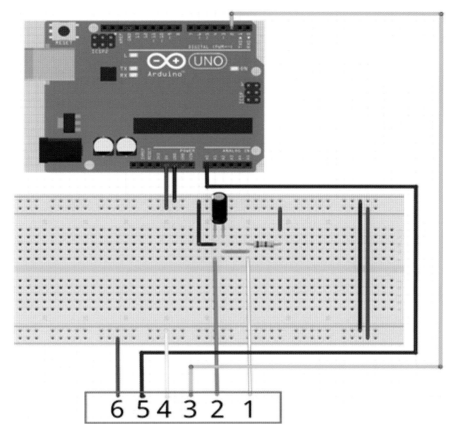

그림 18-3 미세먼지 센서와 아두이노 연결

18-3 시리얼 모니터로 미세먼지 측정값 표시하기

다음과 같은 프로그램을 스케치에 입력한다. 프로그램을 아두이노에 다운로드하고, 미세먼지 센서를 통해서 측정값을 시리얼 모니터에 출력해 보자.

```
int measurePin = A0;     // 미세먼지 센서 5핀 - 아두이노 A0핀
int ledPower = 2;        // 미세먼지 센서 3핀 - 아두이노 2핀

int samplingTime = 280;
int deltaTime = 40;
int sleepTime = 9680;

float voMeasured = 0.0;
float calcVoltage = 0.0;
float dustDensity = 0.0;
```

```
void setup(){
      Serial.begin(9600);
      pinMode(ledPower,OUTPUT);
}

void loop(){
      digitalWrite(ledPower,LOW);                    // 내부 LED ON
      delayMicroseconds(samplingTime);

      voMeasured = analogRead(measurePin);           // 미세먼지 측정값 읽기

      delayMicroseconds(deltaTime);
      digitalWrite(ledPower,HIGH);                   // 내부 LED OFF
      delayMicroseconds(sleepTime);

      calcVoltage = voMeasured * (5.0 / 1024.0);     // 전압 값 계산
      dustDensity = 0.17 * calcVoltage - 0.1;        // 미세먼지 밀도 계산

      Serial.print( "Raw Signal Value (0-1023): " );
      Serial.print(voMeasured);
      Serial.print( " - Voltage: " );
      Serial.print(calcVoltage);
      Serial.print( " - Dust Density: " );
      Serial.println(dustDensity);                   // 단위는 mg/m³

      delay(1000);
}
```

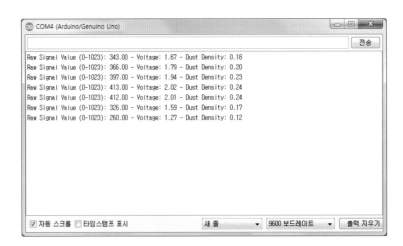

그림 18-4 미세먼지 측정값 출력

18-4　LCD에 미세먼지 측정값 표시하기

　이번에는 미세먼지 센서를 통해서 측정값을 LCD에 출력해 보자. 앞서 7장에서 다루었던 I2C 모듈(FC-113)을 사용하여 LCD에 출력한다. 따라서 LCD연결은 7장에서 연결했던 방법 그대로 사용한다.

```
#include <LCD.h>
#include <LiquidCrystal_I2C.h>

LiquidCrystal_I2C  lcd(0x27,2,1,0,4,5,6,7);

int measurePin = A0;
int ledPower = 2;

int samplingTime = 280;
int deltaTime = 40;
int sleepTime = 9680;

float voMeasured = 0.0;
float calcVoltage = 0.0;
float dustDensity = 0.0;

void setup(){
    pinMode(ledPower,OUTPUT);

    lcd.begin(16, 2);               // LCD는 16 chars, 2 lines 로 정의
    lcd.setBacklightPin(3,POSITIVE);
    lcd.setBacklight(HIGH);
}

void loop(){
    digitalWrite(ledPower,LOW);
    delayMicroseconds(samplingTime);

    voMeasured = analogRead(measurePin);

    delayMicroseconds(deltaTime);
    digitalWrite(ledPower,HIGH);
    delayMicroseconds(sleepTime);
```

```
        calcVoltage = voMeasured * (5.0 / 1024.0);      // 전압 값 계산
        dustDensity = 0.17 * calcVoltage - 0.1;         //미세먼지 밀도 계산

        lcd.clear();
        lcd.setCursor(0, 0);
        lcd.print( "dustDensity : " );
        lcd.setCursor(0, 1);
        lcd.print(dustDensity);
        lcd.print( " (mg/m3)" );
        delay(1000);
}
```

그림 18-5 미세먼지 측정값을 LCD에 출력

Chapter

19

ARDUINO

GPS 수신 모듈 제어

19-1 GPS 특징

　GPS는 Global Positioning System의 약어로 지구 궤도를 돌고 있는 위성으로부터 나온 데이터의 분석을 통해 현재 위치의 위도와 경도, 시간, 속도 등을 알 수 있다. 위성에서 송신된 신호와 수신기에서 수신된 신호의 시간차를 측정하면 위성과 수신기 사이의 거리를 구할 수 있다. 세 개 이상의 위성과의 거리와 각 위성의 위치를 알게 되면 삼변측량에서와 같은 방법을 이용해 수신기의 위치를 계산할 수 있다. GPS는 미국 국방부에서 개발되었으며 전 세계에서 무료로 사용 가능하다.

　GPS 수신 모듈은 지구 밖에서 돌고 있는 GPS 위성으로부터 수신 받은 신호를 처리한 후, 모듈과 연결된 아두이노를 통해 PC로 신호 값을 확인할 수 있다. 확인된 신호를 인터넷을 이용하여 지도로 위치를 확인하거나, 값을 분석해 현재 시간, 이동 거리, 속도 등을 얻을 수 있다.

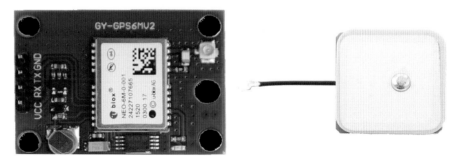

그림 19-1　GPS 수신 모듈 (NEO-6M)

19-2 GPS 수신 모듈과 아두이노 연결

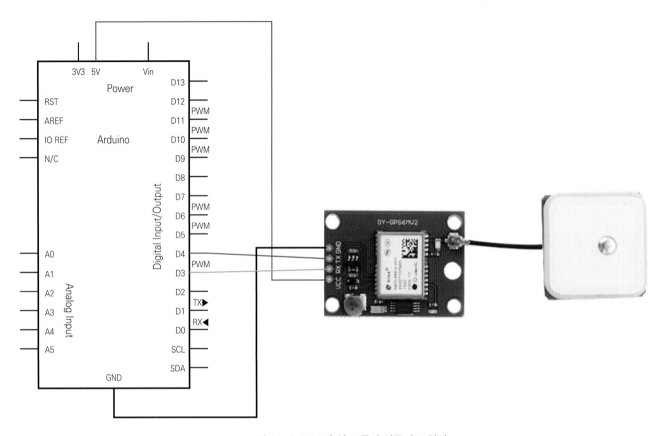

그림 19-2 GPS 수신 모듈과 아두이노 연결

시리얼 모니터를 통해서 GPS 수신 값을 출력하자.

```
#include <SoftwareSerial.h>
SoftwareSerial gps(4, 3);      //RX, TX

void setup() {
     Serial.begin(9600);
     gps.begin(9600);
}
void loop() {
     if(gps.available()){
          Serial.write(gps.read());
     }
}
```

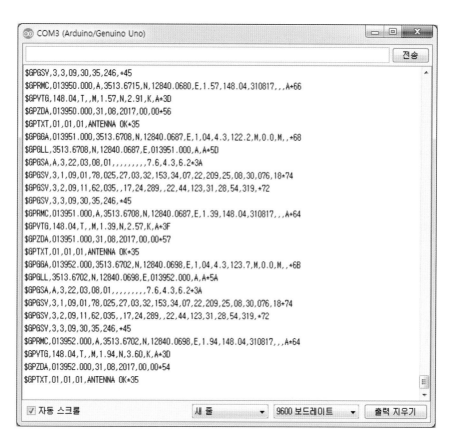

그림 19-3 GPS 수신 값 출력

표 20-1 GPS 수신 값

NMEA 코드명	설명
$GPGGA	GPS의 고정 값(기준 값) GPS 신호의 위치, 시간, 속도 등의 다양한 정보를 포함
$GPGLL	지리적 위치의 위도, 경도
$GPGSA	GPS 시스템 소프트웨어와 통신위성
$GPGSV	GPS 위성이 본 경관
$GPRMC	GPS 사용을 위한 최소한의 필수 데이터
$GPVTG	지구 표면상의 항공 궤도와 대지 속도

 참고 NMEA

NMEA는 National Marine Electronics Association으로 주로 GPS에서 사용하는 시간, 위치, 방위 등의 정보를 전송하기 위한 규격이다.

19-3 GPS 수신 값으로 지도상에 표시하기

시리얼 모니터에 출력된 $GPGGA 값부터 위도 값과 경도 값으로 변환해 보자. $GPGGA 값을 복사하여 아래 사이트에 붙여놓자. http://www.gonmad.co.uk/nmea.php에서는 GPS NMEA 데이터를 latitude(위도 값)과 longitude(경도 값)으로 출력한다.

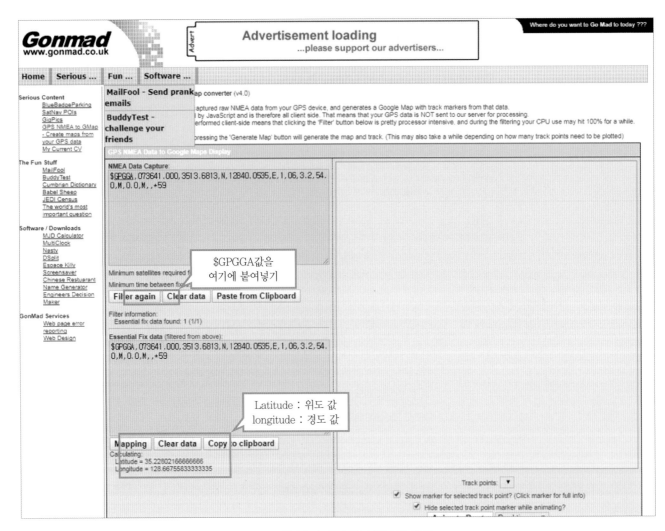

그림 19-4 위도 값과 경도 값 출력

위도 값과 경도 값으로 지도상에 나타내어 보자. https://www.google.co.kr/maps에 위도 값과 경도 값을 구글지도에 붙여넣기하여 현재 위치를 확인할 수 있다.

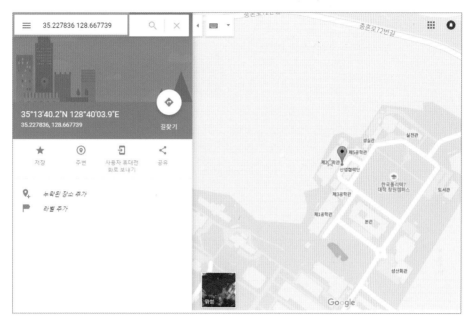

그림 19-5 위도 값과 경도 값으로 지도상에 표시

19-4   **GPS에 수신한 날짜, 시간 정보 표시**

이번에 GPS에서 수신한 날짜, 시간 정보 등을 시리얼 모니터에 출력하자. 필요한 라이브러리를 https://github.com/mikalhart/TinyGPS에서 라이브러리 다운로드한다.

그림 19-6 TinyGPS 라이브러리 다운로드

다운로드 받은 TinyGPS-master.zip을 스케치 → 라이브러리 포함하기 → .ZIP 라이브러리 추가 선택하여 추가한다. 그 다음으로 메뉴에서 파일 → 예제 → TinyGPS-master → test_with_gps_device 예제 파일을 불러오자.

그림 19-7 예제 파일 불러오기

예제에서 ss.begin(4800);을 ss.begin(9600);으로 전송 속도 변경하여 컴파일 후에 아두이노로 업로드한다.

그림 19-8 전송 속도 변경

만일 시리얼 모니터에서 글자가 깨져 보일 경우에는 시리얼 모니터에서 115200 보드레이트로 변경한다.

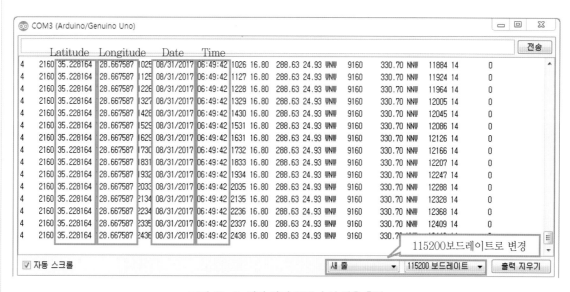

그림 19-9 여러 가지 GPS 수신 값을 출력

GPS로 받은 신호를 시리얼 모니터를 통해 위도 값, 경도 값, 날짜, 시간 등의 여러 가지 정보가 표시된다. 여기서 날짜 시간은 런던 표준시(GMT)이므로 한국시간은 GMT에 +9h를 하면 된다.

프로젝트 구현을 위한
아두이노 기초와 응용

2019년 1월 10일 1판 1쇄
2021년 3월 10일 1판 2쇄

저자 : 김상원 · 임호 · 복영수
펴낸이 : 이정일

펴낸곳 : 도서출판 **일진사**
www.iljinsa.com
(우)04317 서울시 용산구 효창원로 64길 6
대표전화 : 704-1616, 팩스 : 715-3536
등록번호 : 제1979-000009호(1979.4.2)

값 **20,000원**

ISBN : 978-89-429-1569-9